U0214146

# 贵州省植烟土壤图谱

潘文杰　李继新 等　著

科 学 出 版 社

北　京

## 内 容 简 介

本书对贵州省烤烟种植与生产概况、成土因素和环境条件等信息综合分析的基础上，基于土壤发生类型，通过比较筛选，在全省 9 个地市（州）合计确定了 36 个代表性烟田，利用野外成土因素和环境条件调查、土壤剖面形态特征观察、土壤理化性质测定分析获取的多方面信息，确定了代表性烟田土壤在中国土壤系统分类中的归属，并通过参比，确定了代表性烟田土壤在美国土壤系统分类和 WRB 世界土壤资源参比基础中的归属，另外，依据获取的土壤剖面形态信息和理化属性信息，对代表性烟田土壤的植烟适宜性进行了评价。

本书是我国关于植烟土壤图谱方面的一部新作品，同时以中国土壤发生分类、中国土壤系统分类、美国土壤系统分类和 WRB 世界土壤资源参比体系标注了土壤类型。本书适合从事土壤学相关的学科包括农业、环境、生态和自然地理等科学研究和教学的工作人员，烤烟栽培与生产管理的烟草系统管理部门、科研与技术中心的相关人员，以及从事土壤与环境调查的政府管理部门和科研机构的相关人员阅读。

**图书在版编目(CIP)数据**

贵州省植烟土壤图谱/潘文杰等著. —北京：科学出版社，2019.11

ISBN 978-7-03-062864-0

Ⅰ. ①贵… Ⅱ. ①潘… Ⅲ. ①烟草–耕作土壤–贵州–图谱
Ⅳ. ①S572.06-64

中国版本图书馆 CIP 数据核字(2019)第 242524 号

责任编辑：周 丹 沈 旭/责任校对：杨聪敏
责任印制：师艳茹/封面设计：许 瑞

科学出版社 出版
北京东黄城根北街 16 号
邮政编码：100717
http://www.sciencep.com
三河市春园印刷有限公司 印刷
科学出版社发行 各地新华书店经销
*
2019 年 11 月第 一 版 开本：889×1194 1/16
2019 年 11 月第一次印刷 印张：6
字数：136 000

**定价：99.00 元**

（如有印装质量问题，我社负责调换）

# 《贵州省植烟土壤图谱》作者名单

主要作者：潘文杰　李继新

参 著 者：高维常　陈　懿　李德成　赵玉国

著 委 会（排名不分先后）：

潘文杰　李继新　高维常　陈　懿　蔡　凯

李洪勋　林叶春　姜超英　李德成　赵玉国

鞠　兵　张　继　苟正贵　陈维林　黄化刚

周建云　艾永峰　蒋承耿　李沛柏

# 《贵州省植烟土壤图谱》调查人员

|  |  |
| --- | --- |
| 贵州省烟草科学研究院 | 潘文杰　高维常　陈　懿　蔡　凯　李洪勋 |
| 中国科学院南京土壤研究所 | 李德成　赵玉国　鞠　兵　王其民　沈晨露 |
| 黔东南苗族侗族自治州烟草公司 | 柳　强　张　继　刘声国　杨通隆　黄昌祥　孔德懋　杨明星　杨宏亮 |
| 黔南布依族苗族自治州烟草公司 | 苟正贵　郭光东　李　彤　李福林　何玉安　时宏书　耿文堂　刘书凯 |
| 黔西南布依族苗族自治州烟草公司 | 陈维林　吴文高　肖本青　张光泽　罗　贤　潘　罗　余　俊　许时界　蹇孝勇 |
| 毕节市烟草公司 | 陈　雪　黄化刚　杨　军　陈秀娥　刘俊龙　郑登峰　罗富松　姚和友　管绍成　刘方军 |
| 遵义市烟草公司 | 蒋　卫　徐天强　吴洪恩　胡大成　孟　祥　彭　友　蒲元强　冯世位　张之砚　孟　源　王黔冀　张文富　池兴江　谢孔华　饶勇阳　刘坤华　苏　卫 |
| 贵阳市烟草公司 | 刁朝强　周建云　文锦涛　张晓强 |
| 铜仁市烟草公司 | 艾永峰　龙　文　刘国权　何绍秋　毛林昌　王安贵 |
| 六盘水市烟草公司 | 蒋承耿　徐　勇　董均方　谈　波　高　强　娄方能　刘明昌　许　亮 |
| 安顺市烟草公司 | 代　飞　李熙全　杨兴平　李沛柏　陈忠益　王仕祥 |

# 序　言

土壤是农业生产的基础资源，是影响和控制烟叶产量、品质和特色的最主要的生态因素之一。贵州能够成为我国著名的优质烤烟最适宜的大产区之一，离不开贵州优越的土壤条件。长期以来贵州的广大烟农和烟草工作者在植烟土壤的调查、利用、改良和保育方面做了大量辛勤的工作，也取得了丰硕的成果。但是，我们不得不承认，除了少量的专业人员外，多数烟草工作者在识土、辨土、用土、保土方面，其专业水平亟待提高。经贵州省烟草行业及中国科学院南京土壤研究所众多同仁的一致努力，完成了贵州省代表性烟田土壤调查和土壤整段标本的采集制作工作，为贵州省烟草行业提供了宝贵的土壤信息和实物样本，也使贵州省成为全国烟草系统第一家拥有和展示省级植烟土壤整段标本的机构。

基于该项工作编撰出版的《贵州省植烟土壤图谱》，将高质量采集制作的 36 个主要植烟土壤标本，以图谱的形式呈现在广大读者面前，通过景观、剖面和文字的结合，使广大烟草工作者识土、辨土的实际能力得到较快的提高；让社会大众更直观地了解贵州省的植烟土壤面貌，提升对土壤的认知程度及珍惜和保护土壤的意识和觉悟。该图谱采用发生分类，对应中国土壤系统分类、美国土壤系统分类与 WRB 世界土壤资源参比基础间的参比，对贵州省土壤的分类是一个科学的完善和补充，对贵州省的土壤科学研究具有重要的意义。在此殷切期望全省烟草系统同仁，切实用好该项成果，使之转化为生产力，服务和指导农业生产实践，同时也期待贵州土壤科学研究与时俱进，不断推陈出新！

2019 年 6 月 30 日

# 前 言

贵州省是我国烤烟生产第二大省，也是全国著名的优质烤烟最适宜产区之一，所产烤烟风格特色突出，品质优良，是国内重点卷烟品牌不可缺少的主要原料。

土壤控制着烟叶的产量与品质。贵州省地域辽阔，地形、地质、植被、气候等成土因素复杂多变，人为耕作利用历史悠久且形式多样，造就了丰富多彩的贵州土壤。要真正地做到因地制宜地利用和保护土壤资源，必须在科学认识和区分土壤类型的基础上，实现土壤资源的可持续利用。2017年在中国烟草总公司贵州省公司“贵州省代表性烟田土壤整段标本制作”（201722）项目的支持下，由贵州省烟草科学研究院和中国烟草总公司贵州省公司牵头，联合各地、市、州及县、市、区烟草系统及中国科学院南京土壤研究所，开展了贵州省代表性烟田土壤调查与整段标本制作工作。本书是该项目的主要成果之一，也是继 20 世纪 80 年代第二次土壤普查后，有关贵州省土壤调查与分类方面的又一成果体现。

本工作覆盖贵州全省区域，经历了基础资料收集整理、代表性烟田布点、野外调查与采样、室内测定分析、整段标本制作、土壤类型确定、专著编撰等过程，共调查了 36 个代表性烟田，获取了 100 多张景观、剖面和新生体等科考照片和 8200 多条成土因素、土壤剖面形态、土壤理化性质方面的信息，采集纸盒标本样 36 个，发生层土样 200 个，土壤整段标本样 36×2 个。

本书中代表性烟田的确定主要依据成土因素叠加形成综合地理单元，并结合已有调查样点、产区烟田分布及优质烟田位置等信息。野外土壤调查依据《野外土壤描述与采样手册》，土样测定依据《土壤调查实验室分析方法》，土壤类型确定分别依据第二次土壤普查的土壤图结合剖面形态特征/理化属性测定结果、《中国土壤系统分类检索（第三版）》以及美国土壤系统分类（*Soil Taxonomy*（*Second Edition*））和 WRB 世界土壤资源参比基础（*World Reference Base for Soil Resources 2014: International soil classification system for naming soils and creating legends for soil maps*）的参比体系。36 个代表性烟田涉及中国土壤发生分类 28 个，中国土壤系统分类 27 个，美国土壤系统分类 12 个，世界土壤资源参比基础类型 11 个。

本书的撰写与定稿，离不开老一辈专家和各级烟草系统同仁的大力支持和帮助。谨此特别感谢唐远驹先生在本书编撰过程中给予的悉心指导！感谢贵州省各级烟草系统和贵州大学烟草学院各位同仁给予的支持和帮助！感谢参与野外调查和室内测定分析但未能列入著委会名单的同仁！在本书写作过程中参阅了大量资料，特别是贵州省第二次土壤普查资料，包括《贵州土壤》和《贵州土种志》及相关图件，在此一并表示感谢！

本书不同于全面的土壤普查专著，重点是以图谱形式直观形象地展示贵州省代表性烟田的土壤类型及特点，应该说，尚有很多土壤类型未被列入本书，还有待今后的进一步充实。另外，由于作者水平有限，疏漏之处在所难免，希望读者给予指正。

潘文杰　李继新

2019 年 6 月 20 日

# 目　录

# 第 1 章　成土因素与土壤类型

## 1.1　成土因素与成土过程

贵州介于东经 103°36′~109°35′、北纬 24°37′~29°13′，地处云贵高原，属于高原山地，海拔 148 ~ 2901 m，平均海拔 1100 m 左右，地貌包括高原、山地、丘陵和盆地四类，素有“八山一水一分田”之说。境内喀斯特岩溶地貌分布广泛，面积约 10.9 万 $km^2$，占全省土地总面积的 61.9%。贵州省成土母质复杂多样，属亚热带湿润季风性气候区，年均气温除西部低于 12℃，绝大部分地区在 14℃以上；降水较多，年均降水量 1100 ~ 1300 mm；阴天多，年均日照时数约 1300 h，无霜期为 250 ~ 300 d，阴天日数一般超过 150 d，常年相对湿度在 70%以上。气候复杂多变，有“一山分四季，十里不同天”之说。成土母质主要为砂/页岩互层、泥质岩类、石英岩类、碳酸盐岩类、基性岩类、花岗岩类风化的残积物和残坡积物，其他为零星的洪积物、冲积物和沉积物，在碳酸盐岩地区缓坡地带还有较大面积的第四纪红色黏土。植被类型和组合复杂多样，全省维管束植物（不含苔藓植物）共有 269 科、1655 属、6255 种（变种），自然植被主要包括针叶林、阔叶林、竹林、灌丛及灌草丛、沼泽植被及水生植被 5 类，是我国生物多样性重要类群分布较为集中，并具有国际意义的陆地生物多样性关键地区之一。土地利用格局（2013 年数据）大致为耕地 490.6 万 $hm^2$（其中旱地占 85.4%），林地约 754.7 万 $hm^2$，园地约 7.4 万 $hm^2$，牧地约 1690.7 万 $hm^2$，水面约 15.3 万 $hm^2$，建设用地约 52.9 万 $hm^2$，未利用地约 271.3 万 $hm^2$。

贵州成土过程多种多样，主要包括脱硅富铁铝化、腐殖质积累过程、黏化过程、黄化过程及农业土壤的耕作熟化过程，其他成土过程包括潜育化过程和脱潜过程、氧化还原（潴育化）过程、溶蚀脱钙过程和复钙过程、漂洗过程。

## 1.2　主要土壤类型及其分布

贵州土壤在地理分布上具有垂直-水平复合分布规律，也受地区性母质和地形等条件变化的影响，发生分类上的土壤类型主要有黄壤、红壤、赤红壤、红褐土、黄红壤、高原黄棕壤、山地草甸土、石灰土、紫色土、水稻土等。

黄壤广泛分布于黔中、黔北、黔东海拔 700 ~ 1400 m 和黔西南、黔西北海拔 900 ~ 1900 m 的山原地区，发育于亚热带常绿阔叶林和常绿落叶阔叶混交林环境；赤红壤和红壤分布于红水河及南、北盘江流域海拔 500 ~ 700 m 的河谷丘陵地区；红褐土则分布稍高，均形成于南亚热带河谷季雨林环境；黄红壤主要分布于东北部铜仁地区及东南部都柳江流域海拔 500 ~ 700 m 的低山丘陵，发育于湿润性常绿阔叶林环境；高原黄棕壤分布于黔西北海拔 1900 ~ 2200 m 的高原山地和黔北、黔东海拔

1300 ~ 1600 m 的部分山地，发育于冷凉湿润的亚热带常绿落叶阔叶混交林环境；山地草甸土仅在少数海拔 1900 m 以上的山顶和山脊有分布，发育于山地灌丛、灌草丛及草甸环境；石灰土广泛分布于石灰岩出露的地方；紫色土主要分布于黔北赤水、习水一带紫色砂页岩出露的环境；水稻土在全省各地皆有分布。

# 第2章 人为土

## 2.1 余庆县构皮滩镇

**中国土壤系统分类**：普通潜育水耕人为土
**中国土壤发生分类**：潜育水稻土
**美国土壤系统分类**：Anthraquic Eutrudepts
**WRB 世界土壤资源参比**：Hydragric Anthrosols (Dystric, Loamic, Gleyic)
**调查采样时间**：2017 年 10 月 26 日

位置与环境条件　位于遵义市余庆县构皮滩镇，27.281183° N、107.540598° E，海拔 812 m，亚热带高原季风性湿润气候，年均日照时数 1038 h，年均气温 16.4℃，年均降水量 1053 mm，年均无霜期 300 d 左右，山间沟谷，成土母质为冲积物，水田，烤烟-水稻轮作。

● 典型景观

诊断层与诊断特性　成土过程主要是水耕熟化、氧化还原和潜育化。诊断层包括水耕表层和水耕氧化还原层；诊断特性包括热性土壤温度状况、人为滞水土壤水分状况、潜育特征和氧化还原特征。土体厚度在 1 m 以上，层次质地以黏壤土、壤土和砂土为主，45 cm 以下土体出现潜育特征，土体有铁锰斑纹和铁锰结核。

利用性能简评　土体深厚，耕层偏浅，质地偏黏，耕性和通透性较差，底部易滞水，pH 适宜，养分总体偏高。应适度深耕，控制增施有机肥和复合肥，深沟排水。

● 单个土体典型剖面

Ap1：0~12 cm，灰黄橙色（10YR 6/2，干），灰黄棕色（10YR 4/2，润），粉砂质黏壤土，小粒状-小块状结构，松散-稍坚实，向下层平滑渐变过渡。

Ap2：12~24 cm，灰黄橙色（10YR 6/2，干），灰黄棕色（10YR 4/2，润），粉砂质黏壤土，中块状结构，坚实，结构面有少量铁锰斑纹，向下层平滑清晰过渡。

Br：24~45 cm，灰黄橙色（10YR 6/2，干），灰黄棕色（10YR 5/2，润），壤土，中块状结构，稍坚实，结构面有中量铁锰斑纹，土体中有少量铁锰结核，向下层波状渐变过渡。

Bg1：45~75 cm，灰色（10Y 4/1，干），橄榄黑色（10Y 3/1，润），壤质砂土，中块状结构，松软，结构面有多量铁锰斑纹，土体中有中量小铁锰结核，有亚铁反应，向下层波状渐变过渡。

Bg2：75~100 cm，橄榄黑色（10Y 3/1，干），黑色（10YR 2/1，润），壤质砂土，烂泥，无结构，有亚铁反应。

### 代表性单个土体物理性质

| 土层 | 深度/cm | 砾石(>2mm，体积分数)/% | 细土颗粒组成(粒径：mm)/(g/kg) | | | 质地 | 容重/(g/cm$^3$) |
|---|---|---|---|---|---|---|---|
| | | | 砂粒 2 ~ 0.05 | 粉粒 0.05 ~ 0.002 | 黏粒 <0.002 | | |
| Ap1 | 0 ~ 12 | 0 | 175 | 530 | 295 | 粉砂质黏壤土 | 0.96 |
| Ap2 | 12 ~ 24 | 0 | 128 | 578 | 294 | 粉砂质黏壤土 | 1.04 |
| Br | 24 ~ 45 | 0 | 324 | 473 | 203 | 壤土 | 1.23 |
| Bg1 | 45 ~ 75 | 0 | 782 | 157 | 61 | 壤质砂土 | 1.27 |
| Bg2 | 75 ~ 100 | 0 | 780 | 156 | 64 | 壤质砂土 | 1.27 |

### 代表性单个土体养分与化学性质

| 深度/cm | pH($H_2O$) | 有机质/(g/kg) | 全氮/(g/kg) | 碱解氮/(mg/kg) | 速效磷/(mg/kg) | 速效钾/(mg/kg) | 阳离子交换量/(cmol/kg) | 游离铁/(g/kg) |
|---|---|---|---|---|---|---|---|---|
| 0 ~ 12 | 7.7 | 43.8 | 2.60 | 165.4 | 68.72 | 220 | 15.38 | 12.0 |
| 12 ~ 24 | 8.1 | 34.3 | 2.12 | 143.3 | 6.08 | 100 | 14.57 | 16.0 |
| 24 ~ 45 | 7.9 | 13.8 | 0.77 | 36.8 | 8.73 | 95 | 7.64 | 11.0 |
| 45 ~ 75 | 7.6 | 9.9 | 0.50 | 33.1 | 6.88 | 75 | 6.33 | 7.3 |
| 75 ~ 100 | 7.5 | 9.7 | 0.48 | 32.90 | 6.79 | 74 | 6.31 | 7.3 |

## 2.2 福泉市金山街道

**中国土壤系统分类**：普通铁渗水耕人为土
**中国土壤发生分类**：渗育水稻土
**美国土壤系统分类**：Anthraquic Eutrudepts
**WRB 世界土壤资源参比**：Hydragric Anthrosols (Clayic, Eutric)
**调查采样时间**：2017 年 10 月 26 日

**位置与环境条件** 位于黔南布依族苗族自治州（黔南州）福泉市金山街道，26.7168000° N、107.398617° E，海拔 987 m，亚热带高原季风性湿润气候，年均日照时数 1253 h，年均气温 14.0℃，年均降水量 1127 mm，年均无霜期 262 d，一级阶地，成土母质为洪积-冲积物，水田，烤烟-水稻轮作。

● 典型景观

**诊断层与诊断特性** 成土过程主要是水耕熟化和氧化还原。诊断层包括水耕表层和水耕氧化还原层（含水耕铁渗淋亚层）；诊断特性包括热性土壤温度状况、人为滞水土壤水分状况和氧化还原特征。土体厚度 80 cm 左右，质地以黏土和黏壤土为主，20 ~ 45 cm 土体有铁渗现象，45 ~ 62 cm 土体有氧化铁淀积现象（铁聚特征），土体可见铁锰斑纹和铁锰结核。

**利用性能简评** 土体较厚，耕层厚度适中，质地偏黏，耕性和通透性较差，pH、有机质、氮、硼、锌偏高，磷适宜，钾、钼偏低。应适度控制有机肥的施用，增施钾钼肥。

● 单个土体典型剖面

Ap1：0~15 cm，棕灰色（10YR 5/1，润），棕灰色（10YR 4/1，干），粉砂质黏土，粒状-小块状结构，松散-稍坚实，向下层平滑清晰过渡。

Ap2：15~25 cm，棕灰色（10YR 5/1，润），棕灰色（10YR 4/1，干），粉砂质黏土，中棱块状结构，坚实，土体中有少量小铁锰结核，结构面有明显的腐殖质淀积胶膜和中量铁锰斑纹，向下层平滑清晰过渡。

Br1：25~45 cm，棕灰色（10YR 5/1，润），棕灰色（10YR 4/1，干），粉砂质黏壤土，中棱块状结构，坚实，土体中有少量小铁锰结核，结构面有明显的腐殖质淀积胶膜和中量铁锰斑纹，向下层平滑清晰过渡。

Br2：45~62 cm，浊黄橙色（10YR 7/2，润），棕灰色（10YR 6/1，干），黏土，中棱块状结构，很坚实，土体中有中量小-中铁锰结核，10%左右岩石碎屑，结构面有多量铁锰斑纹，向下层平滑清晰过渡。

Br3：62~110 cm，黄棕色（10YR 5/8，润），棕色（10YR 4/6，干），黏土，中棱块状结构，很坚实，土体中有多量小-中铁锰结核，30%左右白云岩碎屑，结构面有多量铁锰斑纹。

### 代表性单个土体物理性质

| 土层 | 深度 /cm | 砾石 (>2mm，体积分数)/% | 细土颗粒组成(粒径：mm)/(g/kg) | | | 质地 | 容重 /(g/cm$^3$) |
|---|---|---|---|---|---|---|---|
| | | | 砂粒 2 ~ 0.05 | 粉粒 0.05 ~ 0.002 | 黏粒 <0.002 | | |
| Ap1 | 0 ~ 15 | 0 | 97 | 499 | 404 | 粉砂质黏土 | 0.87 |
| Ap2 | 15 ~ 25 | 0 | 124 | 451 | 425 | 粉砂质黏土 | 1.01 |
| Br1 | 25 ~ 45 | 0 | 186 | 427 | 387 | 粉砂质黏壤土 | 1.19 |
| Br2 | 45 ~ 62 | 10 | 304 | 279 | 417 | 黏土 | 1.24 |
| Br3 | 62 ~ 110 | 30 | 300 | 278 | 419 | 黏土 | 1.26 |

### 代表性单个土体养分与化学性质

| 深度 /cm | pH ($H_2O$) | 有机质 /(g/kg) | 全氮 /(g/kg) | 碱解氮 /(mg/kg) | 速效磷 /(mg/kg) | 速效钾 /(mg/kg) | 阳离子交换量 /(cmol/kg) | 游离铁 /(g/kg) |
|---|---|---|---|---|---|---|---|---|
| 0 ~ 15 | 7.1 | 55.5 | 3.01 | 238.9 | 20.20 | 95 | 17.29 | 10.1 |
| 15 ~ 25 | 7.7 | 38.0 | 2.11 | 158.0 | 7.58 | 75 | 15.18 | 8.5 |
| 25 ~ 45 | 7.7 | 18.1 | 0.98 | 69.8 | 4.23 | 68 | 13.67 | 35.8 |
| 45 ~ 62 | 7.7 | 12.2 | 0.91 | 66.2 | 4.42 | 108 | 16.88 | 27.6 |
| 62 ~ 110 | 7.7 | 11.0 | 0.89 | 60.4 | 4.32 | 101 | 15.98 | 11.4 |

## 2.3 播州区新民镇（一）

**中国土壤系统分类**：普通铁聚水耕人为土
**中国土壤发生分类**：潴育水稻土
**美国土壤系统分类**：Anthraquic Eutrudepts
**WRB 世界土壤资源参比**：Hydragric Anthrosols (Dystric, Clayic)
**调查采样时间**：2017 年 10 月 20 日

**位置与环境条件** 位于遵义市播州区新民镇，27.345029° N、106.885230° E，海拔 815 m，亚热带高原季风性湿润气候，年均日照时数 1047 h，年均气温 14.9℃，年均降水量 1036 mm，年均无霜期 270 d，山间沟谷，成土母质为洪积-冲积物，水田，烤烟-晚稻轮作。

● 典型景观

**诊断层与诊断特性** 成土过程主要是水耕熟化和氧化还原。诊断层包括水耕表层和水耕氧化还原层；诊断特性包括热性土壤温度状况、人为滞水土壤水分状况和氧化还原特征。土体厚度 1 m 以上，质地以黏土和黏壤土为主，80 cm 以下有氧化铁淀积现象（铁聚特征），有铁锰斑纹。

**利用性能简评** 土体较厚，耕层适中，质地偏黏，耕性和通透性较差，pH 适宜，养分整体偏高。应适度控制有机肥和微肥的施用。

● 单个土体典型剖面

Ap1：0~12 cm，黄灰色（2.5Y 5/1，干），黄灰色（2.5Y 4/1，润），粉砂质黏土，粒状-小块状结构，松散-稍坚实，向下层平滑清晰过渡。

Ap2：12~20 cm，黄灰色（2.5Y 5/1，干），黄灰色（2.5Y 4/1，润），粉砂质黏土，小块状结构，坚实，向下层平滑清晰过渡。

Br1：20~45 cm，亮黄棕色（2.5Y 7/6，干），浊黄色（2.5Y 6/4，润），粉砂质黏壤土，中棱块状结构，坚实，土体中有 10%左右白云岩碎屑，结构面有中量铁锰斑纹，向下层波状渐变过渡。

Br2：45~80 cm，淡黄色（2.5Y 7/4，干），浊黄色（2.5Y 6/3，润），黏土，大棱块状结构，很坚实，土体中有 5%左右白云岩碎屑，结构面有中量铁锰斑纹，向下层波状渐变过渡。

Br3：80~100 cm，淡黄色（2.5Y 7/4，干），浊黄色（2.5Y 6/3，润），黏土，大块状结构，很坚实，土体中有 10%左右白云岩碎屑，结构面有中量铁锰斑纹。

## 代表性单个土体物理性质

| 土层 | 深度/cm | 砾石(>2mm，体积分数)/% | 细土颗粒组成(粒径：mm)/(g/kg) | | | 质地 | 容重/(g/cm$^3$) |
|---|---|---|---|---|---|---|---|
| | | | 砂粒 2 ~ 0.05 | 粉粒 0.05 ~ 0.002 | 黏粒 <0.002 | | |
| Ap1 | 0 ~ 12 | 0 | 79 | 496 | 425 | 粉砂质黏土 | 0.90 |
| Ap2 | 12 ~ 20 | 0 | 62 | 512 | 426 | 粉砂质黏土 | 0.88 |
| Br1 | 20 ~ 45 | 10 | 81 | 572 | 347 | 粉砂质黏壤土 | 1.31 |
| Br2 | 45 ~ 80 | 5 | 137 | 383 | 480 | 黏土 | 1.31 |
| Br3 | 80 ~ 100 | 10 | 328 | 221 | 451 | 黏土 | 1.27 |

## 代表性单个土体养分与化学性质

| 深度/cm | pH($H_2O$) | 有机质/(g/kg) | 全氮/(g/kg) | 碱解氮/(mg/kg) | 速效磷/(mg/kg) | 速效钾/(mg/kg) | 阳离子交换量/(cmol/kg) | 游离铁/(g/kg) |
|---|---|---|---|---|---|---|---|---|
| 0 ~ 12 | 6.0 | 54.9 | 2.60 | 165.4 | 29.51 | 226 | 16.28 | 24.9 |
| 12 ~ 20 | 7.1 | 50.9 | 2.55 | 180.1 | 34.94 | 175 | 16.18 | 23.1 |
| 20 ~ 45 | 7.9 | 5.8 | 0.45 | 29.4 | 9.42 | 73 | 7.94 | 26.1 |
| 45 ~ 80 | 7.8 | 6.4 | 0.52 | 33.1 | 10.36 | 118 | 12.86 | 34.9 |
| 80 ~ 100 | 7.8 | 9.4 | 0.75 | 47.8 | 48.88 | 170 | 15.38 | 54.4 |

## 2.4 贵定县云雾镇

**中国土壤系统分类**：普通铁聚水耕人为土
**中国土壤发生分类**：潴育水稻土
**美国土壤系统分类**：Anthraquic Eutrudepts
**WRB 世界土壤资源参比**：Hydragric Anthrosols (Dystric, Loamic)
**调查采样时间**：2017 年 10 月 26 日

位置与环境条件　位于黔南州贵定县云雾镇，26.223183° N、107.108850° E，海拔 1091 m，亚热带高原季风性湿润气候，年均日照时数 1062 h，年均气温 15.0℃，年均降水量 1600 mm，年均无霜期 289 d，坝地，成土母质为冲积物，水田，烤烟-水稻轮作。

● 典型景观

诊断层与诊断特性　成土过程主要是水耕熟化和氧化还原。诊断层包括水耕表层和水耕氧化还原层；诊断特性包括热性土壤温度状况、人为滞水土壤水分状况和氧化还原特征。土体厚度 1 m 以上，质地以壤土和黏壤土为主，80 cm 以下有氧化铁淀积现象（铁聚特征），有铁锰斑纹和铁锰结核。

利用性能简评　土体深厚，耕层偏浅，质地适中，耕性和通透性较好，pH、有机质、氮和锌适宜，磷、钾、硼、钼偏低。应适度深耕，增施有机肥或种植绿肥，秸秆还田，改善土壤结构，适度增施磷钾肥和微肥。

● 单个土体典型剖面

Ap1：0~12 cm，浊黄棕色（10YR 5/3，润），棕灰色（10YR 4/1，干），壤土，粒状-小块状结构，松散-稍坚实，向下层平滑清晰过渡。

Ap2：12~25 cm，浊黄橙色（10YR 6/3，润），灰黄棕色（10YR 4/2，干），壤土，中块状结构，坚实，结构面有中量铁锰斑纹，向下层平滑清晰过渡。

Br1：25~42 cm，亮黄棕色（10YR 7/6，润），浊黄橙色（10YR 6/4，干），黏壤土，中棱块状结构，很坚实，土体中有少量小铁锰结核，结构面有明显的腐殖质淀积胶膜和多量铁锰斑纹，向下层平滑清晰过渡。

Br2：42~80 cm，亮黄棕色（10YR 7/6，润），浊黄橙色（10YR 6/4，干），黏壤土，中棱块状结构，坚实，土体中有中量小铁锰结核，结构面有多量铁锰斑纹，向下层波状渐变过渡。

E：80~120 cm，50%亮黄棕色（10YR 7/6，润），浊黄橙色（10YR 6/4，干）；50%橙白色（10YR 8/1，润），淡灰色（10YR 7/1，干），黏壤土，中棱块状结构，坚实，结构面有少量铁锰斑纹。

### 代表性单个土体物理性质

| 土层 | 深度 /cm | 砾石 (>2mm，体积分数)/% | 细土颗粒组成(粒径：mm)/(g/kg) | | | 质地 | 容重 /(g/cm$^3$) |
|---|---|---|---|---|---|---|---|
| | | | 砂粒 2 ~ 0.05 | 粉粒 0.05 ~ 0.002 | 黏粒 <0.002 | | |
| Ap1 | 0 ~ 12 | 0 | 485 | 311 | 204 | 壤土 | 1.17 |
| Ap2 | 12 ~ 25 | 0 | 441 | 318 | 241 | 壤土 | 1.21 |
| Br1 | 25 ~ 42 | 0 | 413 | 295 | 292 | 黏壤土 | 1.33 |
| Br2 | 42 ~ 80 | 0 | 447 | 274 | 279 | 黏壤土 | 1.31 |
| E | 80 ~ 120 | 0 | 414 | 244 | 342 | 黏壤土 | 1.33 |

### 代表性单个土体养分与化学性质

| 深度 /cm | pH ($H_2O$) | 有机质 /(g/kg) | 全氮 /(g/kg) | 碱解氮 /(mg/kg) | 速效磷 /(mg/kg) | 速效钾 /(mg/kg) | 阳离子交换量 /(cmol/kg) | 游离铁 /(g/kg) |
|---|---|---|---|---|---|---|---|---|
| 0 ~ 12 | 5.7 | 20.0 | 1.44 | 139.7 | 7.17 | 148 | 6.57 | 9.2 |
| 12 ~ 25 | 5.7 | 15.4 | 0.70 | 62.5 | 0.76 | 74 | 6.78 | 5.6 |
| 25 ~ 42 | 6.5 | 4.6 | 0.36 | 22.1 | 0.52 | 86 | 5.81 | 7.5 |
| 42 ~ 80 | 6.6 | 6.0 | 0.42 | 29.4 | 0.46 | 74 | 6.06 | 2.0 |
| 80 ~ 120 | 6.6 | 4.6 | 0.28 | 14.7 | 3.71 | 74 | 6.80 | 23.6 |

## 2.5　湄潭县复兴镇

**中国土壤系统分类**：普通简育水耕人为土
**中国土壤发生分类**：脱潜水稻土
**美国土壤系统分类**：Anthraquic Eutrudepts
**WRB 世界土壤资源参比**：Hydragric Anthrosols (Dystric, Clayic)
**调查采样时间**：2017 年 10 月 24 日

位置与环境条件　位于遵义市湄潭县复兴镇，28.037624° N、107.652565° E，海拔 920 m，亚热带高原季风性湿润气候，年均日照时数 1163 h，年均气温 14.9℃，年均降水量 1137 mm，年均无霜期 284 d 左右，低山沟谷，成土母质为冲积物，水田，烤烟-水稻轮作。

● 典型景观

诊断层与诊断特性　成土过程主要是水耕熟化和氧化还原。诊断层包括水耕表层和水耕氧化还原层；诊断特性包括热性土壤温度状况、人为滞水土壤水分状况和氧化还原特征。土体厚度 1 m 以上，质地以黏土为主，10 cm 以下土体有铁锰斑纹。

利用性能简评　土体深厚，耕层略偏浅，质地偏黏，耕性和通透性较差，pH 偏酸，有机质、氮和微量元素偏高，磷钾适宜。应适度深耕，控制有机肥和复合肥的施用。

● 单个土体典型剖面

Ap1：0~10 cm，灰黄色（2.5Y 6/2，干），黄灰色（2.5Y 4/1，润），粉砂质黏土，小粒状-小块状结构，松散-稍坚实，向下层波状渐变过渡。

Ap2：10~30 cm，灰黄色（2.5Y 6/2，干），黄灰色（2.5Y 4/1，润），粉砂质黏土，中块状结构，稍坚实，结构面有少量铁锰斑纹，向下层波状清晰过渡。

Br1：30~65 cm，淡黄色（2.5Y 7/3，干），灰黄色（2.5Y 6/2，润），黏土，中棱块状结构，坚实，结构面有少量灰色胶膜和铁锰斑纹，向下层波状渐变过渡。

Br2：65~110 cm，灰黄色（2.5Y 7/2，干），黄灰色（2.5Y 6/1，润），黏土，大棱块状结构，很坚实，结构面有少量灰色胶膜和铁锰斑纹。

## 代表性单个土体物理性质

| 土层 | 深度 /cm | 砾石 (>2mm，体积分数)/% | 细土颗粒组成(粒径：mm)/(g/kg) | | | 质地 | 容重 /(g/cm$^3$) |
|---|---|---|---|---|---|---|---|
| | | | 砂粒 2 ~ 0.05 | 粉粒 0.05 ~ 0.002 | 黏粒 <0.002 | | |
| Ap1 | 0 ~ 10 | 0 | 98 | 472 | 429 | 粉砂质黏土 | 0.88 |
| Ap2 | 10 ~ 30 | 0 | 148 | 411 | 441 | 粉砂质黏土 | 0.93 |
| Br1 | 30 ~ 65 | 0 | 157 | 333 | 510 | 黏土 | 1.31 |
| Br2 | 65 ~ 110 | 0 | 131 | 308 | 561 | 黏土 | 1.32 |

## 代表性单个土体养分与化学性质

| 深度 /cm | pH ($H_2O$) | 有机质 /(g/kg) | 全氮 /(g/kg) | 碱解氮 /(mg/kg) | 速效磷 /(mg/kg) | 速效钾 /(mg/kg) | 阳离子交换量 /(cmol/kg) | 游离铁 /(g/kg) |
|---|---|---|---|---|---|---|---|---|
| 0 ~ 10 | 5.2 | 54.2 | 3.01 | 257.3 | 14.64 | 187 | 15.78 | 36.9 |
| 10 ~ 30 | 5.9 | 48.0 | 2.77 | 209.5 | 12.87 | 148 | 15.58 | 32.0 |
| 30 ~ 65 | 7.4 | 5.6 | 0.49 | 36.8 | 12.09 | 125 | 11.76 | 43.4 |
| 65 ~ 110 | 7.6 | 4.9 | 0.42 | 25.7 | 10.55 | 150 | 13.97 | 51.0 |

## 2.6 绥阳县蒲场镇

**中国土壤系统分类**：普通简育水耕人为土
**中国土壤发生分类**：淹育水稻土
**美国土壤系统分类**：Anthraquic Eutrudepts
**WRB 世界土壤资源参比**：Hydragric Anthrosols (Eutric, Loamic)
**调查采样时间**：2017 年 10 月 21 日

位置与环境条件　位于遵义市绥阳县蒲场镇，27.862343° N、107.063337° E，海拔 885 m，亚热带高原季风性湿润气候，年均日照时数 1053 h，年均气温 14.5℃，年均降水量 1075 mm，年均无霜期 280 d 左右，低山缓坡地，成土母质为坡积物，梯田水田，烤烟-水稻轮作。

典型景观

诊断层与诊断特性　成土过程主要是水耕熟化和氧化还原。诊断层包括水耕表层和水耕氧化还原层；诊断特性包括热性土壤温度状况、人为滞水土壤水分状况和氧化还原特征。土体厚度 1 m 以上，质地以黏壤土和黏土为主，土体可见铁锰斑纹。

利用性能简评　土体深厚，耕层适中，质地偏黏，耕性和通透性较差，pH、有机质和氮适宜，磷、钾和微量元素偏高。应增施有机肥或种植绿肥，秸秆还田，改善土壤结构，适度削控磷钾肥的施用。

● 单个土体典型剖面

Ap1：0~12 cm，黄灰色（2.5Y 5/1，干），黄灰色（2.5Y 4/1，润），粉砂质黏壤土，小粒状-小块状结构，松散-稍坚实，向下层波状渐变过渡。

Ap2：12~30 cm，黄灰色（2.5Y 5/1，干），黄灰色（2.5Y 4/1，润），粉砂质黏土，小粒状-小块状结构，松散-稍坚实，向下层平滑清晰过渡。

Br1：30~65 cm，灰黄色（2.5Y 7/2，干），黄灰色（2.5Y 6/1，润），粉砂质黏壤土，中棱块状结构，坚实，结构面有少量铁锰斑纹，向下层波状清晰过渡。

Br2：65~85 cm，黄灰色（2.5Y 4/1，干），黑棕色（2.5Y 3/1，润），粉砂质黏壤土，中棱块状结构，坚实，结构面有少量铁锰斑纹，土体中有 10%左右的岩石碎屑，向下层波状渐变过渡。

Br3：85~110 cm，黄灰色（2.5Y 4/1，干），黑棕色（2.5Y 3/1，润），粉砂质黏壤土，中棱块状结构，很坚实，结构面有少量铁锰斑纹，土体中有 20%左右的岩石碎屑。

## 代表性单个土体物理性质

| 土层 | 深度 /cm | 砾石 (>2mm，体积分数)/% | 细土颗粒组成(粒径：mm)/(g/kg) | | | 质地 | 容重 /(g/cm³) |
|---|---|---|---|---|---|---|---|
| | | | 砂粒 2 ~ 0.05 | 粉粒 0.05 ~ 0.002 | 黏粒 <0.002 | | |
| Ap1 | 0 ~ 12 | 0 | 134 | 510 | 356 | 粉砂质黏壤土 | 1.03 |
| Ap2 | 12 ~ 30 | 0 | 111 | 475 | 414 | 粉砂质黏土 | 1.07 |
| Br1 | 30 ~ 65 | 0 | 165 | 470 | 365 | 粉砂质黏壤土 | 1.21 |
| Br2 | 65 ~ 85 | 10 | 135 | 502 | 364 | 粉砂质黏壤土 | 1.15 |
| Br3 | 85 ~ 110 | 20 | 130 | 512 | 358 | 粉砂质黏壤土 | 1.16 |

## 代表性单个土体养分与化学性质

| 深度 /cm | pH ($H_2O$) | 有机质 /(g/kg) | 全氮 /(g/kg) | 碱解氮 /(mg/kg) | 速效磷 /(mg/kg) | 速效钾 /(mg/kg) | 阳离子交换量 /(cmol/kg) | 游离铁 /(g/kg) |
|---|---|---|---|---|---|---|---|---|
| 0 ~ 12 | 6.8 | 35.0 | 1.98 | 154.4 | 37.52 | 351 | 14.97 | 23.2 |
| 12 ~ 30 | 7.6 | 30.3 | 1.75 | 128.6 | 27.65 | 145 | 15.38 | 23.3 |
| 30 ~ 65 | 7.6 | 15.8 | 1.01 | 73.5 | 7.96 | 87 | 11.16 | 16.3 |
| 65 ~ 85 | 7.5 | 21.6 | 1.19 | 88.2 | 9.78 | 90 | 14.07 | 20.5 |
| 85 ~ 110 | 7.4 | 20.6 | 1.89 | 87.1 | 9.69 | 88 | 14.05 | 20.1 |

## 2.7 播州区新民镇（二）

**中国土壤系统分类**：普通简育水耕人为土
**中国土壤发生分类**：淹育水稻土
**美国土壤系统分类**：Anthraquic Eutrudepts
**WRB 世界土壤资源参比**：Hydragric Anthrosols (Eutric, Clayic)
**调查采样时间**：2017 年 10 月 20 日

位置与环境条件　位于遵义市播州区新民镇，27.344333° N、106.888167° E，海拔 865 m，亚热带高原季风性湿润气候，年均日照时数 1047 h，年均气温 14.9℃，年均降水量 1036 mm，年均无霜期 270 d，中山缓坡上部，成土母质为坡积物，梯田水田，烤烟-水稻轮作。

• 典型景观

诊断层与诊断特性　成土过程主要是水耕熟化和氧化还原。诊断层包括水耕表层和水耕氧化还原层；诊断特性包括热性土壤温度状况、人为滞水土壤水分状况和氧化还原特征。土体厚度 1 m 以上，质地以黏土为主，有铁锰斑纹和铁锰结核。

利用性能简评　土体深厚，耕层厚度适中，质地偏黏，耕性和通透性较差，pH、磷和钾适宜，有机质、氮和微量元素偏高。应适度控制有机肥和微肥的施用。

● 单个土体典型剖面

Ap1：0~20 cm，浊棕色（7.5YR 5/3，干），灰棕色（7.5YR 4/2，润），粉砂质黏土，粒状-小块状结构，松散-稍坚实，向下层平滑清晰过渡。

Ap2：20~30 cm，浊棕色（7.5YR 5/3，干），灰棕色（7.5YR 4/2，润），粉砂质黏土，小块状结构，坚实，结构面有少量铁锰斑纹，向下层波状清晰过渡。

Br1：30~50 cm，浊棕色（7.5YR 5/3，干），灰棕色（7.5YR 4/2，润），粉砂质黏土，中棱块状结构，坚实，土体中有中量小铁锰结核，结构面有中量灰色胶膜和多量铁锰斑纹，向下层平滑清晰过渡。

Br2：50~70 cm，浊橙色（7.5YR 6/4，干），浊棕色（7.5YR 5/3，润），黏土，中棱块状结构，很坚实，土体中有中量小铁锰结核，结构面有中量灰色胶膜和多量铁锰斑纹，向下层平滑清晰过渡。

Br3：70~120 cm，浊橙色（7.5YR 6/4，润），浊棕色（7.5YR 5/3，干），黏土，大棱块状结构，很坚实，土体中有少量小铁锰结核，结构面有中量灰色胶膜和多量铁锰斑纹。

### 代表性单个土体物理性质

| 土层 | 深度/cm | 砾石(>2mm，体积分数)/% | 细土颗粒组成(粒径：mm)/(g/kg) | | | 质地 | 容重/(g/cm³) |
|---|---|---|---|---|---|---|---|
| | | | 砂粒 2 ~ 0.05 | 粉粒 0.05 ~ 0.002 | 黏粒 <0.002 | | |
| Ap1 | 0 ~ 20 | 0 | 25 | 449 | 526 | 粉砂质黏土 | 0.98 |
| Ap2 | 20 ~ 30 | 0 | 69 | 414 | 517 | 粉砂质黏土 | 1.15 |
| Br1 | 30 ~ 50 | 0 | 83 | 465 | 452 | 粉砂质黏土 | 1.14 |
| Br2 | 50 ~ 70 | 0 | 72 | 392 | 536 | 黏土 | 1.14 |
| Br3 | 70 ~ 120 | 0 | 39 | 393 | 568 | 黏土 | 1.23 |

### 代表性单个土体养分与化学性质

| 深度/cm | pH($H_2O$) | 有机质/(g/kg) | 全氮/(g/kg) | 碱解氮/(mg/kg) | 速效磷/(mg/kg) | 速效钾/(mg/kg) | 阳离子交换量/(cmol/kg) | 游离铁/(g/kg) |
|---|---|---|---|---|---|---|---|---|
| 0 ~ 20 | 6.3 | 41.6 | 2.24 | 150.78 | 25.02 | 187 | 12.16 | 23.9 |
| 20 ~ 30 | 7.3 | 21.8 | 1.35 | 95.6 | 12.87 | 140 | 12.86 | 27.5 |
| 30 ~ 50 | 7.5 | 23.3 | 0.99 | 66.2 | 8.43 | 105 | 11.06 | 29.2 |
| 50 ~ 70 | 7.5 | 22.8 | 0.96 | 62.5 | 10.32 | 95 | 13.57 | 31.2 |
| 70 ~ 120 | 7.3 | 14.1 | 0.82 | 58.8 | 7.71 | 93 | 12.06 | 17.7 |

# 第3章 富铁土

## 3.1 开阳县龙冈镇

**中国土壤系统分类**：斑纹简育常湿富铁土
**中国土壤发生分类**：黄壤-黄砂土
**美国土壤系统分类**：Hapludults
**WRB 世界土壤资源参比**：Haplic Acrisols
**调查采样时间**：2017 年 10 月 16 日

**位置与环境条件** 位于贵阳市开阳县龙冈镇，26.874283° N、107.106183° E，海拔 1126 m，亚热带高原季风性湿润气候，年均日照时数 1078 h，年均气温 14.3℃，年均降水量 1073 mm，年均无霜期 276 d，中山坝地，成土母质为冲积物，缓坡梯田旱地，烤烟-玉米轮作。

● 典型景观

**诊断层与诊断特性** 成土过程主要是旱耕熟化、脱硅富铁铝和黏化。诊断层包括淡薄表层、低活性富铁层和黏化层；诊断特性包括热性土壤温度状况、常湿润土壤水分状况和氧化还原特征。土体厚度多在 1 m 以上，质地以黏土为主，40 cm 以下土体有黏粒胶膜和铁锰斑纹。

**利用性能简评** 土体深厚，耕层适中，质地偏黏，耕性和通透性较差，pH 和养分整体适宜，磷偏低。应增施有机肥或种植绿肥，秸秆还田，改善土壤结构，适度增施磷肥。

● 单个土体典型剖面

Ap1：0~25 cm，浊橙色（5YR 6/4，干），浊红棕色（5YR 5/4，润），粉砂质黏土，粒状-小块状结构，松散-稍坚实，向下层平滑清晰过渡。

Ap2：25~40 cm，浊橙色（5YR 6/4，干），浊红棕色（5YR 5/4，润），黏土，粒状-小块状结构，松散-稍坚实，向下层平滑清晰过渡。

Btr1：40~60 cm，橙色（5YR 6/8，干），亮红棕色（5YR 5/6，润），黏土，中棱块状结构，坚实，结构面有明显的黏粒-氧化铁胶膜和少量铁锰斑纹，向下层波状渐变过渡。

Btr2：60~80 cm，橙色（5YR 6/6，干），浊红棕色（5YR 5/4，润），黏土，大棱块状结构，很坚实，结构面有明显的黏粒-氧化铁胶膜和少量铁锰斑纹，向下层波状渐变过渡。

Bt：80~130 cm，橙色（5YR 6/6，干），浊红棕色（5YR 5/4，润），黏土，大棱块状结构，很坚实，土体中有少量小铁锰结核，结构面有明显的黏粒-氧化铁胶膜。

## 代表性单个土体物理性质

| 土层 | 深度/cm | 砾石(>2mm，体积分数)/% | 细土颗粒组成(粒径：mm)/(g/kg) | | | 质地 | 容重/(g/cm³) |
|---|---|---|---|---|---|---|---|
| | | | 砂粒 2 ~ 0.05 | 粉粒 0.05 ~ 0.002 | 黏粒 <0.002 | | |
| Ap1 | 0 ~ 25 | 0 | 73 | 425 | 502 | 粉砂质黏土 | 1.02 |
| Ap2 | 25 ~ 40 | 0 | 72 | 368 | 560 | 黏土 | 1.04 |
| Btr1 | 40 ~ 60 | 0 | 28 | 239 | 733 | 黏土 | 1.23 |
| Btr2 | 60 ~ 80 | 0 | 22 | 156 | 822 | 黏土 | 1.26 |
| Bt | 80 ~ 130 | 0 | 22 | 107 | 871 | 黏土 | 1.29 |

## 代表性单个土体养分与化学性质

| 深度/cm | pH($H_2O$) | 有机质/(g/kg) | 全氮/(g/kg) | 碱解氮/(mg/kg) | 速效磷/(mg/kg) | 速效钾/(mg/kg) | 阳离子交换量/(cmol/kg) | 游离铁/(g/kg) |
|---|---|---|---|---|---|---|---|---|
| 0 ~ 25 | 6.2 | 36.3 | 1.54 | 102.9 | 11.38 | 238 | 11.86 | 20.3 |
| 25 ~ 40 | 6.2 | 34.2 | 1.47 | 125.0 | 9.29 | 312 | 12.66 | 26.6 |
| 40 ~ 60 | 6.0 | 14.1 | 0.89 | 47.8 | 1.09 | 148 | 10.85 | 41.8 |
| 60 ~ 80 | 5.8 | 10.3 | 0.77 | 40.4 | 0.39 | 113 | 10.25 | 57.1 |
| 80 ~ 130 | 5.6 | 8.1 | 0.70 | 29.4 | 0.52 | 101 | 13.97 | 10.9 |

## 3.2 天柱县高酿镇

**中国土壤系统分类**：斑纹简育常湿富铁土
**中国土壤发生分类**：黄红壤-厚黄红砂
**美国土壤系统分类**：Hapludults
**WRB 世界土壤资源参比**：Chromic Acrisols
**调查采样时间**：2017 年 10 月 25 日

位置与环境条件　位于黔东南苗族侗族自治州（黔东南州）天柱县高酿镇，26.813133° N、109.152783° E，海拔 682 m，亚热带高原季风性湿润气候，年均日照时数 1198 h，年均气温 14.9℃，年均降水量 1394 mm，年均无霜期 281 d，丘岗中坡坡麓，成土母质为泥质岩风化坡积物，缓坡梯田旱地，烤烟-玉米轮作。

典型景观

诊断层与诊断特性　成土过程主要是旱耕熟化和脱硅富铁铝。诊断层包括淡薄表层和低活性富铁层；诊断特性包括热性土壤温度状况、常湿润土壤水分状况和氧化还原特征。土体厚度多在 1 m 以上，质地以黏壤土为主，55 cm 以下为低活性富铁层，35 cm 以下土体有铁锰斑纹。

利用性能简评　土体较厚，耕层厚度适中，质地偏黏，少量砾石，耕性和通透性尚可，pH 偏酸，有机质偏高，氮、钾适宜，磷、钼偏低。应改酸，适度削控有机肥和增施磷钼肥。

● 单个土体典型剖面

Ap1：0~20 cm，浊橙色（5YR 6/4，润），浊红棕色（5YR 5/3，干），粉砂质黏壤土，粒状-小块状结构，松散-稍坚实，土体中有 2%左右泥质岩碎屑，向下层平滑清晰过渡。

Ap2：20~35 cm，浊橙色（5YR 6/4，润），浊红棕色（5YR 5/3，干），粉砂质黏壤土，粒状-小块状结构，松散-稍坚实，土体中有 2%左右泥质岩碎屑，向下层平滑清晰过渡。

Br1：35~55 cm，橙色（5YR 7/8，润），橙色（5YR 6/6，干），粉砂质黏壤土，中棱块状结构，很坚实，土体中有少量小铁锰结核，2%左右泥质岩碎屑，结构面有中量铁锰斑纹，向下层波状渐变过渡。

Br2：55~75 cm，橙色（5YR 7/8，润），橙色（5YR 6/6，干），粉砂质黏壤土，中棱块状结构，坚实，土体中有少量小铁锰结核，5%左右泥质岩碎屑，结构面有中量铁锰斑纹，向下层波状渐变过渡。

Br3：75~120 cm，橙色（5YR 7/8，润），橙色（5YR 6/6，干），粉砂质黏壤土，大棱块状结构，很坚实，土体中有少量小铁锰结核，20%左右泥页岩碎屑，结构面有中量铁锰斑纹。

## 代表性单个土体物理性质

| 土层 | 深度 /cm | 砾石 (>2mm，体积分数)/% | 细土颗粒组成(粒径：mm)/(g/kg) | | | 质地 | 容重 /(g/cm$^3$) |
|---|---|---|---|---|---|---|---|
| | | | 砂粒 2 ~ 0.05 | 粉粒 0.05 ~ 0.002 | 黏粒 <0.002 | | |
| Ap1 | 0 ~ 20 | 2 | 43 | 559 | 398 | 粉砂质黏壤土 | 0.96 |
| Ap2 | 20 ~ 35 | 2 | 64 | 537 | 399 | 粉砂质黏壤土 | 1.13 |
| Br1 | 35 ~ 55 | 2 | 154 | 463 | 383 | 粉砂质黏壤土 | 1.29 |
| Br2 | 55 ~ 75 | 5 | 161 | 479 | 360 | 粉砂质黏壤土 | 1.26 |
| Br3 | 75 ~ 120 | 20 | 194 | 487 | 319 | 粉砂质黏壤土 | 1.27 |

## 代表性单个土体养分与化学性质

| 深度 /cm | pH | | 有机质 /(g/kg) | 全氮 /(g/kg) | 碱解氮 /(mg/kg) | 速效磷 /(mg/kg) | 速效钾 /(mg/kg) | 阳离子交换量 /(cmol/kg) | 游离铁 /(g/kg) | 交换性 $Al^{3+}$ /(cmol/kg) |
|---|---|---|---|---|---|---|---|---|---|---|
| | $H_2O$ | KCl | | | | | | | | |
| 0 ~ 20 | 4.8 | 3.9 | 43.7 | 1.97 | 169.1 | 4.30 | 187 | 13.17 | 20.5 | 5.57 |
| 20 ~ 35 | 4.9 | 4.0 | 23.9 | 1.20 | 91.9 | 4.57 | 226 | 10.65 | 16.4 | 6.71 |
| 35 ~ 55 | 4.9 | 4.1 | 8.1 | 0.71 | 29.4 | 0.46 | 101 | 10.05 | 20.4 | 6.00 |
| 55 ~ 75 | 5.1 | 4.1 | 11.0 | 0.91 | 33.1 | 0.52 | 74 | 8.54 | 19.2 | 5.52 |
| 75 ~ 120 | 5.1 | 4.1 | 10.0 | 0.89 | 29.4 | 0.42 | 74 | 7.44 | 12.4 | 5.28 |

## 3.3 天柱县渡马镇

**中国土壤系统分类**：普通简育常湿富铁土
**中国土壤发生分类**：黄红壤-厚黄红泥
**美国土壤系统分类**：Hapludults
**WRB 世界土壤资源参比**：Haplic Acrisols
**调查采样时间**：2017 年 10 月 25 日

位置与环境条件　位于黔东南州天柱县渡马镇，26.965600° N、109.365650° E，海拔 365 m，亚热带季风性湿润气候，年均日照时数 1198 h，年均气温 15.1℃，年均降水量 1270 mm，年均无霜期 281 d，丘岗中坡中部，成土母质为砂岩风化坡积物，缓坡梯田旱地，烤烟-玉米轮作。

典型景观

诊断层与诊断特性　成土过程主要是旱耕熟化、脱硅富铁铝和黏化。诊断层包括淡薄表层、低活性富铁层和黏化层；诊断特性包括热性土壤温度状况和常湿润土壤水分状况。土体厚度多在 1 m 以上，通体以黏土为主，27 cm 以下为低活性富铁层，80 cm 以下土体有黏粒胶膜。

利用性能简评　土体深厚，耕层厚度适中，质地偏黏，耕性和通透性较差，pH 偏酸，有机质和氮适宜，磷、钾和微量元素偏高。应改酸，增施有机肥或种植绿肥，秸秆还田，改善土壤结构，适度控磷控钾。

● 单个土体典型剖面

Ap1：0~27 cm，橙色（5YR 7/6，润），浊橙色（5YR 6/4，干），粉砂质黏土，粒状-小块状结构，松散-稍坚实，向下层平滑清晰过渡。

Ap2：27~47 cm，橙色（5YR 7/8，润），橙色（5YR 6/6，干），粉砂质黏土，粒状-小块状结构，松散-稍坚实，向下层平滑清晰过渡。

Bw：47~80 cm，橙色（5YR 7/6，润），浊橙色（5YR 6/4，干），粉砂质黏土，中棱块状结构，坚实，向下层波状渐变过渡。

Bt1：80~100 cm，橙色（5YR 7/8，润），橙色（5YR 6/6，干），粉砂质黏土，中棱块状结构，坚实，结构面有模糊的黏粒-氧化铁胶膜，向下层波状渐变过渡。

Bt2：100~120 cm，橙色（5YR 7/8，润），橙色（5YR 6/6，干），粉砂质黏土，大棱块状结构，很坚实，结构面有模糊的黏粒-氧化铁胶膜。

### 代表性单个土体物理性质

| 土层 | 深度 /cm | 砾石 (>2mm，体积分数)/% | 细土颗粒组成(粒径：mm)/(g/kg) | | | 质地 | 容重 /(g/cm$^3$) |
|---|---|---|---|---|---|---|---|
| | | | 砂粒 2 ~ 0.05 | 粉粒 0.05 ~ 0.002 | 黏粒 <0.002 | | |
| Ap1 | 0 ~ 27 | 0 | 124 | 466 | 410 | 粉砂质黏土 | 1.06 |
| Ap2 | 27 ~ 47 | 0 | 74 | 502 | 424 | 粉砂质黏土 | 1.13 |
| Bw | 47 ~ 80 | 0 | 58 | 460 | 482 | 粉砂质黏土 | 1.29 |
| Bt1 | 80 ~ 100 | 0 | 83 | 402 | 515 | 粉砂质黏土 | 1.29 |
| Bt2 | 100 ~ 120 | 0 | 105 | 405 | 490 | 粉砂质黏土 | 1.29 |

### 代表性单个土体养分与化学性质

| 深度 /cm | pH | | 有机质 /(g/kg) | 全氮 /(g/kg) | 碱解氮 /(mg/kg) | 速效磷 /(mg/kg) | 速效钾 /(mg/kg) | 阳离子交换量 /(cmol/kg) | 游离铁 /(g/kg) | 交换性 $Al^{3+}$ /(cmol/kg) |
|---|---|---|---|---|---|---|---|---|---|---|
| | $H_2O$ | KCl | | | | | | | | |
| 0 ~ 27 | 5.0 | 4.3 | 31.1 | 1.62 | 154.4 | 43.52 | 885 | 10.65 | 16.9 | 1.24 |
| 27 ~ 47 | 4.7 | 3.9 | 24.3 | 1.15 | 91.9 | 2.87 | 137 | 9.35 | 21.1 | 4.90 |
| 47 ~ 80 | 4.8 | 3.9 | 8.2 | 0.54 | 62.5 | 2.94 | 125 | 10.15 | 20.8 | 5.43 |
| 80 ~ 100 | 5.0 | 4.0 | 7.7 | 0.55 | 40.4 | 1.30 | 113 | 10.05 | 23.5 | 5.05 |
| 100 ~ 120 | 5.1 | 4.0 | 8.1 | 0.52 | 36.8 | 0.39 | 113 | 10.85 | 23.9 | 4.86 |

## 3.4 兴仁市巴玲镇

**中国土壤系统分类**：淋溶钙质湿润富铁土
**中国土壤发生分类**：黄壤-黄黏泥土
**美国土壤系统分类**：Hapludults
**WRB 世界土壤资源参比**：Haplic Acrisols
**调查采样时间**：2017 年 10 月 18 日

**位置与环境条件** 位于黔西南布依族苗族自治州（黔西南州）兴仁市巴玲镇，25.469273° N、105.431828° E，海拔 1345 m，亚热带高原季风性湿润气候，年均日照时数 1441 h，年均气温 16.5℃，年均降水量 1133 mm，年均无霜期 280 d，中山坡麓，成土母质为石灰岩风化坡积物，缓坡梯田旱地，烤烟-玉米轮作。

● 典型景观

**诊断层与诊断特性** 成土过程主要是旱耕熟化、黄化和黏化。诊断层包括淡薄表层、低活性富铁层和黏化层；诊断特性包括热性土壤温度状况、湿润土壤水分状况、碳酸盐岩岩性特征和氧化还原特征。土体厚度多在 1 m 以上，质地以黏土为主，土体中有少量石灰岩碎屑，20 cm 以下土体有明显黏粒胶膜，80 cm 以下土体有铁锰斑纹。

**利用性能简评** 土体深厚，耕层偏浅，质地黏，耕性和通透性差，pH 偏高，有机质和氮适宜，磷钾和微量元素偏高，轻度水土流失。应适度深耕，增施有机肥或种植绿肥，秸秆还田，改善土壤结构，削控磷钾，等高起垄。

● 单个土体典型剖面

Ap：0~20 cm，浊黄色（2.5Y 6/4，干），黄棕色（2.5Y 5/4，润），黏土，小粒状-小块状结构，松散-稍坚实，土体中有2%左右石灰岩碎屑，向下层平滑清晰过渡。

Bt1：20~38 cm，50%浊黄色（2.5Y 6/4，干），黄棕色（2.5Y 5/4，润）；50%浅淡黄色（2.5Y 8/3，润），灰黄色（2.5Y 7/2，干），黏土，小棱块状结构，坚实，结构面有模糊黏粒胶膜，土体中有2%左右石灰岩碎屑，向下层波状清晰过渡。

Bt2：38~80 cm，浅淡黄色（2.5Y 8/3，干），灰黄色（2.5Y 7/2，润），黏土，中棱块状结构，坚实，结构面有模糊黏粒胶膜，土体中有少量的小铁锰结核，土体中有2%左右石灰岩碎屑，向下层波状渐变过渡。

Btr：80~120 cm，80%浅淡黄色（2.5Y 8/3，干），灰黄色（2.5Y 7/2，润）；20%浊橙色（5YR 7/4，干），灰棕色（5YR 6/2，润），黏土，大棱块状结构，很坚实，结构面有模糊黏粒胶膜和中量铁锰斑纹，土体中有少量小铁锰结核，5%左右石灰岩碎屑。

## 代表性单个土体物理性质

| 土层 | 深度 /cm | 砾石 (>2mm，体积分数)/% | 细土颗粒组成(粒径：mm)/(g/kg) | | | 质地 | 容重 /(g/cm³) |
|---|---|---|---|---|---|---|---|
| | | | 砂粒 2 ~ 0.05 | 粉粒 0.05 ~ 0.002 | 黏粒 <0.002 | | |
| Ap | 0 ~ 20 | 2 | 122 | 357 | 521 | 黏土 | 1.10 |
| Bt1 | 20 ~ 38 | 2 | 21 | 148 | 831 | 黏土 | 1.24 |
| Bt2 | 38 ~ 80 | 2 | 23 | 130 | 847 | 黏土 | 1.30 |
| Btr | 80 ~ 120 | 5 | 24 | 156 | 820 | 黏土 | 1.30 |

## 代表性单个土体养分与化学性质

| 深度 /cm | pH ($H_2O$) | 有机质 /(g/kg) | 全氮 /(g/kg) | 碱解氮 /(mg/kg) | 速效磷 /(mg/kg) | 速效钾 /(mg/kg) | 阳离子交换量 /(cmol/kg) | 游离铁 /(g/kg) |
|---|---|---|---|---|---|---|---|---|
| 0 ~ 20 | 8.5 | 26.7 | 1.60 | 147.0 | 48.27 | 550 | 11.16 | 28.9 |
| 20 ~ 38 | 6.1 | 12.7 | 0.86 | 58.8 | 1.16 | 164 | 10.35 | 48.3 |
| 38 ~ 80 | 6.1 | 7.1 | 0.63 | 33.1 | 1.88 | 125 | 11.36 | 44.1 |
| 80 ~ 120 | 6.0 | 7.4 | 0.64 | 40.4 | 2.69 | 148 | 12.36 | 54.0 |

## 3.5 赫章县可乐乡

**中国土壤系统分类**：黏化钙质湿润富铁土
**中国土壤发生分类**：黄壤-大黄泥土
**美国土壤系统分类**：Hapludults
**WRB 世界土壤资源参比**：Haplic Acrisols
**调查采样时间**：2017 年 10 月 16 日

位置与环境条件　位于毕节市赫章县可乐彝族苗族乡（可乐乡），27.212150° N、104.412167° E，海拔 1887 m，亚热带高原季风性湿润气候，年均日照时数 1404 h，年均气温 11.8℃，年均降水量 927 mm，年均无霜期 206 d，中山缓坡坡麓，成土母质为白云岩风化坡积物，梯田旱地，烤烟-玉米轮作。

典型景观

诊断层与诊断特性　成土过程主要是旱耕熟化、脱硅富铁铝和黏化。诊断层包括淡薄表层、低活性富铁层和黏化层；诊断特性包括温性土壤温度状况、湿润土壤水分状况和碳酸盐岩岩性。土体厚度多在 1 m 以上，质地以黏土为主，65 cm 以下为低活性富铁层，土体有黏粒胶膜。

利用性能简评　土体深厚，耕层厚度适中，质地黏，耕性和通透性较差，有机质和氮适宜，pH、磷、钾、硼、锌偏高，钼偏低。应增施有机肥或种植绿肥，秸秆还田，改善土壤结构，适度削磷控钾补钼。

● 单个土体典型剖面

Ap：0~25 cm，橙色（5YR 6/6，干），浊红棕色（5YR 5/4，润），黏土，粒状-小块状结构，松散-稍坚实，轻度石灰反应，向下层平滑清晰过渡。

AB：25~38 cm，橙色（5YR 6/6，干），浊红棕色（5YR 5/4，润），黏土，小棱块状结构，坚实，结构面上有少量铁锰斑纹，中度石灰反应，向下层波状渐变过渡。

Bw：38~65 cm，橙色（5YR 6/6，干），浊红棕色（5YR 5/4，润），黏土，中棱块状结构，坚实，中度石灰反应，向下层波状清晰过渡。

Bt1：65~90 cm，橙色（5YR 7/6，干），浊橙色（5YR 6/4，润），黏土，大棱块状结构，坚实，土体中有少量小铁锰结核和 2%左右白云岩碎屑，结构面有明显的黏粒-氧化铁胶膜，轻度石灰反应，向下层波状渐变过渡。

Bt2：90~120 cm，橙色（5YR 7/6，干），浊橙色（5YR 6/4，润），黏土，大棱块状结构，坚实，土体中有少量小铁锰结核和 2%左右白云岩碎屑，结构面有明显的黏粒-氧化铁胶膜，轻度石灰反应。

## 代表性单个土体物理性质

| 土层 | 深度 /cm | 砾石 (>2mm，体积分数)/% | 细土颗粒组成(粒径：mm)/(g/kg) | | | 质地 | 容重 /(g/cm$^3$) |
|---|---|---|---|---|---|---|---|
| | | | 砂粒 2 ~ 0.05 | 粉粒 0.05 ~ 0.002 | 黏粒 <0.002 | | |
| Ap | 0 ~ 25 | 0 | 61 | 383 | 556 | 黏土 | 1.12 |
| AB | 25 ~ 38 | 0 | 112 | 376 | 512 | 黏土 | 1.22 |
| Bw | 38 ~ 65 | 0 | 42 | 358 | 600 | 黏土 | 1.24 |
| Bt1 | 65 ~ 90 | 2 | 50 | 314 | 636 | 黏土 | 1.28 |
| Bt2 | 90 ~ 120 | 2 | 46 | 312 | 642 | 黏土 | 1.30 |

## 代表性单个土体养分与化学性质

| 深度 /cm | pH ($H_2O$) | 有机质 /(g/kg) | 全氮 /(g/kg) | 碱解氮 /(mg/kg) | 速效磷 /(mg/kg) | 速效钾 /(mg/kg) | 阳离子交换量 /(cmol/kg) | 游离铁 /(g/kg) |
|---|---|---|---|---|---|---|---|---|
| 0 ~ 25 | 7.9 | 24.9 | 1.62 | 95.6 | 34.26 | 425 | 16.48 | 37.6 |
| 25 ~ 38 | 8.3 | 14.6 | 1.07 | 66.2 | 4.12 | 195 | 13.57 | 23.1 |
| 38 ~ 65 | 8.0 | 12.8 | 0.90 | 58.8 | 3.09 | 185 | 15.68 | 38.5 |
| 65 ~ 90 | 7.7 | 8.8 | 0.68 | 40.4 | 3.63 | 183 | 14.87 | 39.8 |
| 90 ~ 120 | 7.5 | 6.5 | 0.51 | 33.1 | 7.50 | 178 | 14.67 | 31.1 |

## 3.6　思南县鹦鹉溪镇

**中国土壤系统分类**：黄色黏化湿润富铁土
**中国土壤发生分类**：黄壤-黄壤性土
**美国土壤系统分类**：Inceptic Hapludults
**WRB 世界土壤资源参比**：Chromic Acrisols
**调查采样时间**：2017 年 10 月 25 日

位置与环境条件　位于铜仁市思南县鹦鹉溪镇，28.048591° N、108.1386938° E，海拔 820 m，亚热带高原季风性湿润气候，年均日照时数 1350 h，年均气温 17.2℃，年均降水量 1138 mm，年均无霜期 299 d 左右，低山中坡下部，成土母质为灰岩风化坡积物，梯田旱地，烤烟-玉米轮作。

● 典型景观

诊断层与诊断特性　成土过程主要是旱耕熟化、黄化和黏化。诊断层包括淡薄表层、低活性富铁层和黏化层；诊断特性包括热性土壤温度状况、（常）湿润土壤水分状况和氧化还原特征。土体厚度多在 1 m 以上，质地以黏土为主，土体中有少量灰岩碎屑，30 cm 以下为低活性富铁层，有铁锰斑纹，75 cm 以上土体具有黄化现象，75 cm 之下土体有明显黏粒胶膜。

利用性能简评　土体深厚，耕层浅薄，质地偏黏，少量砾石，耕性和通透性尚可，pH 过酸，养分整体偏低，钾偏高。应适度深耕，改酸，增施有机肥或种植绿肥，秸秆还田，改善土壤结构，适度控钾。

● 单个土体典型剖面

Ap：0~10 cm，棕灰色（10YR 5/1，干），棕灰色（10YR 4/1，润），粉砂质黏土，小粒状-小块状结构，松散-稍坚实，向下层平滑清晰过渡。

AB：10~30 cm，黄橙色（10YR 7/8，干），亮黄棕色（10YR 6/6，润），粉砂质黏土，小块状结构，坚实，土体中有5%左右灰岩碎屑，向下层波状清晰过渡。

Br1：30~55 cm，黄橙色（10YR 7/8，干），亮黄棕色（10YR 6/6，润），粉砂质黏土，中棱块状结构，坚实，结构面有少量铁锰斑纹，土体中有10%左右灰岩碎屑，向下层波状渐变过渡。

Br2：55~75 cm，淡黄橙色（10YR 8/4，干），浊黄橙色（10YR 7/3，润），粉砂质黏土，中棱块状结构，很坚实，结构面有少量铁锰斑纹，土体中有2%左右灰岩碎屑，向下层不规则清晰过渡。

Btr：75~120 cm，浊橙色（7.5YR 7/4，干），浊棕色（7.5YR 6/3，润），黏土，大棱块状结构，很坚实，结构面有明显的黏粒胶膜和多量铁锰斑纹，土体中有2%左右灰岩碎屑。

### 代表性单个土体物理性质

| 土层 | 深度 /cm | 砾石 (>2mm，体积分数)/% | 细土颗粒组成(粒径：mm)/(g/kg) | | | 质地 | 容重 /(g/cm³) |
|---|---|---|---|---|---|---|---|
| | | | 砂粒 2 ~ 0.05 | 粉粒 0.05 ~ 0.002 | 黏粒 <0.002 | | |
| Ap | 0 ~ 10 | 0 | 161 | 433 | 406 | 粉砂质黏土 | 1.21 |
| AB | 10 ~ 30 | 5 | 166 | 434 | 400 | 粉砂质黏土 | 1.27 |
| Br1 | 30 ~ 55 | 10 | 160 | 411 | 429 | 粉砂质黏土 | 1.32 |
| Br2 | 55 ~ 75 | 2 | 150 | 401 | 449 | 粉砂质黏土 | 1.32 |
| Btr | 75 ~ 120 | 2 | 102 | 392 | 507 | 黏土 | 1.32 |

### 代表性单个土体养分与化学性质

| 深度 /cm | pH ($H_2O$) | 有机质 /(g/kg) | 全氮 /(g/kg) | 碱解氮 /(mg/kg) | 速效磷 /(mg/kg) | 速效钾 /(mg/kg) | 阳离子交换量 /(cmol/kg) | 游离铁 /(g/kg) |
|---|---|---|---|---|---|---|---|---|
| 0 ~ 10 | 4.8 | 16.1 | 0.97 | 84.5 | 38.50 | 255 | 9.15 | 29.9 |
| 10 ~ 30 | 5.7 | 9.9 | 0.60 | 55.1 | 0.99 | 148 | 9.65 | 23.5 |
| 30 ~ 55 | 6.0 | 4.8 | 0.41 | 25.7 | 0.52 | 101 | 8.34 | 25.4 |
| 55 ~ 75 | 5.9 | 4.9 | 0.38 | 33.1 | 0.46 | 137 | 8.14 | 34.1 |
| 75 ~ 120 | 5.8 | 5.4 | 0.50 | 22.1 | 0.76 | 148 | 9.75 | 29.0 |

## 3.7 黔西县甘棠镇

**中国土壤系统分类**：黄色黏化湿润富铁土
**中国土壤发生分类**：黄壤-大黄泥土
**美国土壤系统分类**：Hapludults
**WRB 世界土壤资源参比**：Chromic Acrisols
**调查采样时间**：2017 年 10 月 12 日

位置与环境条件　位于毕节市黔西县甘棠镇礼贤社区，27.092095° N、106.099855° E，海拔 1240 m，亚热带高原季风性湿润气候，年均日照时数 1067 h，年均气温 14.2℃，年均降水量 1089 mm，年均无霜期 271 d，中山缓坡下部，成土母质为灰岩风化坡积物，缓坡旱地，烤烟-玉米轮作。

● 典型景观

诊断层与诊断特性　成土过程主要是旱耕熟化、黄化和黏化。诊断层包括淡薄表层、低活性富铁层和黏化层；诊断特性包括热性土壤温度状况、（常）湿润土壤水分状况和氧化还原特征。土体厚度多在 1 m 以上，质地以黏土为主，土体具有黄化现象，30 cm 以下为低活性富铁层，40 cm 以下土体有黏粒胶膜和铁锰斑纹。

利用性能简评　土体深厚，耕层厚度适中，质地偏黏，耕性较差，通透性尚可，pH 和养分含量整体适宜，钾和钼偏高，轻度水土流失。应增施有机肥或种植绿肥，秸秆还田，改善土壤结构，适度控钾，等高起垄。

● 单个土体典型剖面

Ap：0~30 cm，亮黄棕色（10YR 6/6，干），浊黄棕色（10YR 5/4，润），粉砂质黏土，粒状-小棱块状结构，松散-稍坚实，向下层波状渐变过渡。

AB：30~40 cm，亮黄棕色（10YR 6/6，干），浊黄棕色（10YR 5/4，润），粉砂质黏土，粒状-小棱块状结构，松散-稍坚实，向下层波状清晰过渡。

Btr1：40~68 cm，黄橙色（10YR 7/8，干），亮棕色（10YR 5/6，润），粉砂质黏土，中棱块状结构，坚实，结构面有明显的黏粒胶膜和少量铁锰斑纹，少量小铁锰结核，向下层波状渐变过渡。

Btr2：68~110 cm，黄橙色（10YR 7/8，干），亮棕色（10YR 5/6，润），黏土，大棱块状结构，很坚实，少量小铁锰结核，结构面有明显的黏粒胶膜和少量铁锰斑纹。

## 代表性单个土体物理性质

| 土层 | 深度 /cm | 砾石 (>2mm，体积分数)/% | 细土颗粒组成(粒径：mm)/(g/kg) | | | 质地 | 容重 /(g/cm$^3$) |
|---|---|---|---|---|---|---|---|
| | | | 砂粒 2 ~ 0.05 | 粉粒 0.05 ~ 0.002 | 黏粒 <0.002 | | |
| Ap | 0 ~ 30 | 0 | 39 | 455 | 506 | 粉砂质黏土 | 1.14 |
| AB | 30 ~ 40 | 0 | 20 | 404 | 576 | 粉砂质黏土 | 1.26 |
| Btr1 | 40 ~ 68 | 0 | 22 | 404 | 574 | 粉砂质黏土 | 1.28 |
| Btr2 | 68 ~ 110 | 0 | 23 | 351 | 626 | 黏土 | 1.30 |

## 代表性单个土体养分与化学性质

| 深度 /cm | pH ($H_2O$) | 有机质 /(g/kg) | 全氮 /(g/kg) | 碱解氮 /(mg/kg) | 速效磷 /(mg/kg) | 速效钾 /(mg/kg) | 阳离子交换量 /(cmol/kg) | 游离铁 /(g/kg) |
|---|---|---|---|---|---|---|---|---|
| 0 ~ 30 | 6.2 | 22.5 | 1.46 | 110.3 | 15.17 | 410 | 13.67 | 34.2 |
| 30 ~ 40 | 6.4 | 11.0 | 0.80 | 51.5 | 1.61 | 226 | 12.26 | 52.3 |
| 40 ~ 68 | 6.4 | 8.5 | 0.61 | 36.8 | 1.81 | 187 | 11.96 | 27.2 |
| 68 ~ 110 | 6.6 | 7.3 | 0.65 | 139.7 | 1.68 | 289 | 12.36 | 49.9 |

## 3.8　正安县谢坝乡

**中国土壤系统分类**：斑纹黏化湿润富铁土
**中国土壤发生分类**：黄红壤-厚黄红泥
**美国土壤系统分类**：Inceptic Hapludults
**WRB 世界土壤资源参比**：Haplic Acrisols
**调查采样时间**：2017 年 10 月 23 日

**位置与环境条件**　位于遵义市正安县谢坝乡，28.219448° N、107.558814° E，海拔 925 m，亚热带高原季风性湿润气候，年均日照时数 1089 h，年均气温 16.4℃，年均降水量 1188 mm，年均无霜期 305 d，低山中坡下部，成土母质为白云岩风化坡积物，旱地，烤烟-玉米轮作。

典型景观

**诊断层与诊断特性**　成土过程主要是旱耕熟化、脱硅富铁铝和黏化。诊断层包括淡薄表层、低活性富铁层和黏化层；诊断特性包括热性土壤温度状况、湿润土壤水分状况和氧化还原特征。土体厚度多在 1 m 以上，质地以黏土为主，30 cm 以下为低活性富铁层，有铁锰斑纹，50 cm 以下土体有黏粒胶膜。

**利用性能简评**　土体深厚，耕层略偏浅，质地偏黏，耕性和通透性较差，pH 适宜，养分整体偏高。应适度深耕，控制有机肥和复合肥的施用。

● 单个土体典型剖面

Ap：0~10 cm，灰棕色（5YR 6/2，干），棕灰色（5YR 5/1，润），粉砂质黏土，小粒状-小块状结构，松散-稍坚实，向下层波状渐变过渡。

AB：10~30 cm，灰棕色（5YR 6/2，干），棕灰色（5YR 5/1，润），粉砂质黏土，小棱块状结构，坚实，向下层波状清晰过渡。

Br：30~50 cm，浊橙色（5YR 6/3，干），灰棕色（5YR 5/2，润），粉砂质黏土，中棱块状结构，坚实，结构面有中量铁锰斑纹，向下层波状渐变过渡。

Btr：50~110 cm，亮红棕色（5YR 5/6，干），浊红棕色（5YR 4/4，润），粉砂质黏土，大棱块状结构，很坚实，结构面有明显的黏粒-氧化铁胶膜和中量铁锰斑纹。

### 代表性单个土体物理性质

| 土层 | 深度 /cm | 砾石 (>2mm，体积分数)/% | 细土颗粒组成(粒径：mm)/(g/kg) | | | 质地 | 容重 /(g/cm$^3$) |
|---|---|---|---|---|---|---|---|
| | | | 砂粒 2 ~ 0.05 | 粉粒 0.05 ~ 0.002 | 黏粒 <0.002 | | |
| Ap | 0 ~ 10 | 0 | 52 | 515 | 433 | 粉砂质黏土 | 1.02 |
| AB | 10 ~ 30 | 0 | 76 | 499 | 425 | 粉砂质黏土 | 1.11 |
| Br | 30 ~ 50 | 0 | 68 | 504 | 428 | 粉砂质黏土 | 1.26 |
| Btr | 50 ~ 110 | 0 | 74 | 436 | 490 | 粉砂质黏土 | 1.26 |

### 代表性单个土体养分与化学性质

| 深度 /cm | pH ($H_2O$) | 有机质 /(g/kg) | 全氮 /(g/kg) | 碱解氮 /(mg/kg) | 速效磷 /(mg/kg) | 速效钾 /(mg/kg) | 阳离子交换量 /(cmol/kg) | 游离铁 /(g/kg) |
|---|---|---|---|---|---|---|---|---|
| 0 ~ 10 | 6.3 | 36.4 | 2.06 | 172.7 | 33.12 | 550 | 13.37 | 17.1 |
| 10 ~ 30 | 6.1 | 26.1 | 1.65 | 154.4 | 21.73 | 238 | 11.46 | 24.7 |
| 30 ~ 50 | 6.8 | 11.1 | 0.89 | 99.2 | 7.46 | 176 | 9.95 | 31.0 |
| 50 ~ 110 | 6.9 | 10.8 | 0.91 | 62.5 | 11.01 | 199 | 11.46 | 19.5 |

## 3.9 石阡县石固乡

**中国土壤系统分类**：斑纹黏化湿润富铁土
**中国土壤发生分类**：黄壤-厚大黄红泥
**美国土壤系统分类**：Inceptic Hapludults
**WRB 世界土壤资源参比**：Haplic Acrisols
**调查采样时间**：2017 年 10 月 25 日

位置与环境条件　位于铜仁市石阡县石固仡佬族侗族乡（石固乡），27.585765° N、108.430401° E，海拔 782 m，亚热带高原季风性湿润气候，年均日照时数 1233 h，年均气温 16.8℃，年均降水量 1211 mm，年均无霜期 303 d 左右，低山中坡中下部，成土母质为白云岩风化坡积物，缓坡梯田旱地，烤烟-玉米轮作。

典型景观

诊断层与诊断特性　成土过程主要是旱耕熟化、脱硅富铁铝和黏化。诊断层包括淡薄表层、低活性富铁层和黏化层；诊断特性包括热性土壤温度状况、湿润土壤水分状况和氧化还原特征。土体厚度多在 1 m 以上，质地以黏壤土和黏土为主，10 cm 以下为低活性富铁层，20 cm 以下土体有黏粒胶膜和铁锰斑纹。

利用性能简评　土体深厚，耕层偏浅，质地偏黏，耕性和通透性较差，pH 偏酸，养分整体适宜。应适度深耕，改酸，增施有机肥或种植绿肥，秸秆还田，改善土壤结构。

● 单个土体典型剖面

Ap：0~10 cm，淡棕灰色（5YR 7/2，干），棕灰色（5YR 6/1，润），粉砂质黏壤土，小粒状-小块状结构，松散-稍坚实，向下层平滑清晰过渡。

Bp：10~20 cm，淡棕灰色（5YR 7/2，干），棕灰色（5YR 6/1，润），粉砂质黏壤土，小粒状-小块状结构，松散-稍坚实，向下层平滑清晰过渡。

Btr1：20~38 cm，亮红棕色（5YR 5/8，干），红棕色（5YR 4/6，润），粉砂质黏土，中棱块状结构，坚实，结构面有明显的黏粒-氧化铁胶膜和中量铁锰斑纹，土体中有多量小铁锰结核，向下层波状渐变过渡。

Btr2：38~55 cm，亮红棕色（5YR 5/8，干），红棕色（5YR 4/6，润），粉砂质黏壤土，中棱块状结构，很坚实，结构面有明显的黏粒-氧化铁胶膜和中量铁锰斑纹，土体中有少量小铁锰结核，向下层波状渐变过渡。

Btr3：55~110 cm，亮红棕色（5YR 5/6，干），浊红棕色（5YR 4/4，润），粉砂质黏壤土，大棱块状结构，很坚实，结构面有明显的黏粒-氧化铁胶膜和中量铁锰斑纹，土体中有少量小铁锰结核。

## 代表性单个土体物理性质

| 土层 | 深度 /cm | 砾石 (>2mm，体积分数)/% | 细土颗粒组成(粒径：mm)/(g/kg) | | | 质地 | 容重 /($g/cm^3$) |
|---|---|---|---|---|---|---|---|
| | | | 砂粒 2 ~ 0.05 | 粉粒 0.05 ~ 0.002 | 黏粒 <0.002 | | |
| Ap | 0 ~ 10 | 0 | 101 | 581 | 318 | 粉砂质黏壤土 | 1.15 |
| Bp | 10 ~ 20 | 0 | 115 | 537 | 348 | 粉砂质黏壤土 | 1.26 |
| Btr1 | 20 ~ 38 | 0 | 97 | 490 | 413 | 粉砂质黏土 | 1.30 |
| Btr2 | 38 ~ 55 | 0 | 113 | 506 | 381 | 粉砂质黏壤土 | 1.30 |
| Btr3 | 55 ~ 110 | 0 | 172 | 448 | 380 | 粉砂质黏壤土 | 1.33 |

## 代表性单个土体养分与化学性质

| 深度 /cm | pH ($H_2O$) | 有机质 /(g/kg) | 全氮 /(g/kg) | 碱解氮 /(mg/kg) | 速效磷 /(mg/kg) | 速效钾 /(mg/kg) | 阳离子交换量 /(cmol/kg) | 游离铁 /(g/kg) |
|---|---|---|---|---|---|---|---|---|
| 0 ~ 10 | 5.2 | 22.3 | 1.31 | 117.6 | 31.48 | 176 | 6.23 | 13.9 |
| 10 ~ 20 | 6.2 | 11.0 | 0.76 | 102.9 | 3.05 | 101 | 7.54 | 17.3 |
| 20 ~ 38 | 6.9 | 7.3 | 0.58 | 58.8 | 0.79 | 148 | 8.84 | 26.3 |
| 38 ~ 55 | 7.1 | 6.6 | 0.52 | 40.4 | 0.19 | 93 | 7.34 | 25.6 |
| 55 ~ 110 | 7.2 | 4.1 | 0.36 | 29.4 | 0.29 | 90 | 8.34 | 21.8 |

## 3.10 威宁县草海镇

**中国土壤系统分类**：普通黏化湿润富铁土
**中国土壤发生分类**：石灰土-红色石灰土
**美国土壤系统分类**：Hapludults
**WRB 世界土壤资源参比**：Haplic Acrisols
**调查采样时间**：2017 年 10 月 13 日

**位置与环境条件** 位于毕节市威宁彝族回族苗族自治县（威宁县）草海镇，26.892989° N、104.283960° E，海拔 2284 m，亚热带高原季风性湿润气候，年均日照时数 1812 h，年均气温 11.2℃，年均降水量 926 mm，年均无霜期 180 d，中山中坡中下部，成土母质为石灰岩风化坡积物，缓坡旱地，烤烟-玉米轮作。

典型景观

**诊断层与诊断特性** 成土过程主要是旱耕熟化、脱硅富铁铝和黏化。诊断层包括淡薄表层、低活性富铁层和黏化层；诊断特性包括温性土壤温度状况和湿润土壤水分状况。土体厚度多在 1 m 以上，质地以黏土和黏壤土为主，20 cm 以下为低活性富铁层，土体有黏粒胶膜。

**利用性能简评** 土体深厚，耕层偏浅，质地偏黏，耕性和通透性较差，偏酸，养分含量整体适宜，磷、硼、锌偏低，中度水土流失。应适度深耕，改酸，增施有机肥和微肥，种植绿肥，秸秆还田，改善土壤结构，等高起垄。

● 单个土体典型剖面

Ap：0~20 cm，50%浊红棕色（5YR 5/4，干），浊红棕色（5YR 4/3，润），粉砂质黏壤土，小粒状-小块状结构，松散-稍坚实，向下层波状渐变过渡。

ABt：20~40 cm，50%橙色（5YR 6/8，干），亮红棕色（5YR 5/6，润）；50%浊红棕色（5YR 5/4，干），浊红棕色（5YR 4/3，润），黏土，小棱块状结构，松散-稍坚实，结构面有明显的黏粒-氧化铁胶膜，向下层不规则清晰过渡。

Bt1：40~75 cm，橙色（5YR 6/8，干），亮红棕色（5YR 5/6，润），黏土，中棱块状结构，坚实，土体中有2%左右岩石碎屑，结构面有明显的黏粒-氧化铁胶膜，向下层波状渐变过渡。

Bt2：75~120 cm，橙色（5YR 6/8，干），亮红棕色（5YR 5/6，润），黏土，大棱块状结构，很坚实，土体中有2%左右岩石碎屑，结构面有明显的黏粒-氧化铁胶膜。

### 代表性单个土体物理性质

| 土层 | 深度/cm | 砾石(>2mm，体积分数)/% | 细土颗粒组成(粒径：mm)/(g/kg) | | | 质地 | 容重/(g/cm$^3$) |
|---|---|---|---|---|---|---|---|
| | | | 砂粒 2 ~ 0.05 | 粉粒 0.05 ~ 0.002 | 黏粒 <0.002 | | |
| Ap | 0 ~ 20 | 0 | 188 | 521 | 291 | 粉砂质黏壤土 | 1.04 |
| ABt | 20 ~ 40 | 0 | 51 | 379 | 570 | 黏土 | 1.28 |
| Bt1 | 40 ~ 75 | 2 | 96 | 356 | 548 | 黏土 | 1.30 |
| Bt2 | 75 ~ 120 | 2 | 83 | 356 | 561 | 黏土 | 1.31 |

### 代表性单个土体养分与化学性质

| 深度/cm | pH($H_2O$) | 有机质/(g/kg) | 全氮/(g/kg) | 碱解氮/(mg/kg) | 速效磷/(mg/kg) | 速效钾/(mg/kg) | 阳离子交换量/(cmol/kg) | 游离铁/(g/kg) |
|---|---|---|---|---|---|---|---|---|
| 0 ~ 20 | 5.4 | 34.0 | 1.77 | 139.7 | 7.96 | 187 | 17.59 | 22.2 |
| 20 ~ 40 | 5.7 | 9.1 | 0.73 | 36.8 | 3.34 | 187 | 11.36 | 30.0 |
| 40 ~ 75 | 5.7 | 6.6 | 0.56 | 25.7 | 5.76 | 164 | 12.76 | 38.5 |
| 75 ~ 120 | 5.6 | 5.8 | 0.50 | 33.1 | 8.21 | 199 | 13.07 | 33.5 |

## 3.11 西秀区幺铺镇

**中国土壤系统分类**：普通简育湿润富铁土
**中国土壤发生分类**：黄壤-厚黄泥
**美国土壤系统分类**：Hapludults
**WRB 世界土壤资源参比**：Haplic Acrisols
**调查采样时间**：2017 年 10 月 19 日

**位置与环境条件** 位于安顺市西秀区幺铺镇，26.192053° N、106.203946° E，海拔 1280 m，亚热带高原季风性湿润气候，年均日照时数 1242 h，年均气温 14.6℃，年均降水量 1146 mm，年均无霜期 278 d，中山中坡坡麓，成土母质为石灰岩风化坡积物，缓坡梯田旱地，烤烟-玉米轮作。

● 典型景观

**诊断层与诊断特性** 成土过程主要是旱耕熟化、脱硅富铁铝和黏化。诊断层包括淡薄表层和低活性富铁层；诊断特性包括热性土壤温度状况和湿润土壤水分状况。土体厚度多在 1 m 以上，质地以黏壤土和黏土为主。

**利用性能简评** 土体深厚，耕层偏浅，质地偏黏，耕性和通透性较差，pH 过酸，养分整体偏低，轻度水土流失。应适度深耕，增施有机肥或种植绿肥，秸秆还田，改善土壤结构，增施复合肥和微肥，等高起垄。

● 单个土体典型剖面

Ap：0~18 cm，灰棕色（5YR 6/2，干），棕灰色（2.5Y 5/1，润），黏壤土，小粒状-小块状结构，松散-稍坚实，向下层波状渐变过渡。

AB：18~35 cm，浊橙色（5YR 6/4，干），浊红棕色（2.5Y 5/3，润），粉砂质黏壤土，小粒状-小块状结构，松散-稍坚实，向下层波状渐变过渡。

Bw1：35~70 cm，橙色（5YR 6/6，干），浊红棕色（2.5Y 5/4，润），粉砂质黏土，中棱块状结构，坚实，向下层波状渐变过渡。

Bw2：70~120 cm，橙色（5YR 6/6，干），浊红棕色（2.5Y 5/4，润），黏土，大棱块状结构，很坚实。

## 代表性单个土体物理性质

| 土层 | 深度 /cm | 砾石 (>2mm，体积分数)/% | 细土颗粒组成(粒径：mm)/(g/kg) | | | 质地 | 容重 /(g/cm$^3$) |
|---|---|---|---|---|---|---|---|
| | | | 砂粒 2 ~ 0.05 | 粉粒 0.05 ~ 0.002 | 黏粒 <0.002 | | |
| Ap | 0 ~ 18 | 0 | 217 | 391 | 392 | 黏壤土 | 1.15 |
| AB | 18 ~ 35 | 0 | 189 | 448 | 363 | 粉砂质黏壤土 | 1.26 |
| Bw1 | 35 ~ 70 | 0 | 147 | 438 | 415 | 粉砂质黏土 | 1.29 |
| Bw2 | 70 ~ 120 | 0 | 182 | 396 | 422 | 黏土 | 1.32 |

## 代表性单个土体养分与化学性质

| 深度 /cm | pH | | 有机质 /(g/kg) | 全氮 /(g/kg) | 碱解氮 /(mg/kg) | 速效磷 /(mg/kg) | 速效钾 /(mg/kg) | 阳离子交换量 /(cmol/kg) | 游离铁 /(g/kg) | 交换性 $Al^{3+}$ /(cmol/kg) |
|---|---|---|---|---|---|---|---|---|---|---|
| | $H_2O$ | KCl | | | | | | | | |
| 0 ~ 18 | 4.7 | 4.0 | 21.9 | 0.98 | 88.2 | 5.18 | 597 | 8.84 | 25.2 | 3.09 |
| 18 ~ 35 | 4.8 | 4.1 | 11.0 | 0.54 | 51.5 | 2.02 | 164 | 8.04 | 23.7 | 3.62 |
| 35 ~ 70 | 5.2 | 4.2 | 7.7 | 0.48 | 40.4 | 1.06 | 164 | 7.64 | 24.8 | 1.67 |
| 70 ~ 120 | 5.4 | 4.2 | 4.8 | 0.39 | 36.8 | 2.52 | 101 | 7.74 | 27.8 | 1.24 |

# 第4章 淋溶土

## 4.1 修文县小箐镇

**中国土壤系统分类**：腐殖简育常湿淋溶土
**中国土壤发生分类**：石灰土-棕色石灰土
**美国土壤系统分类**：Hapludalfs
**WRB 世界土壤资源参比**：Haplic Lixisols
**调查采样时间**：2017 年 10 月 16 日

**位置与环境条件** 位于贵阳市修文县小箐镇，26.977417° N、106.570117° E，海拔 1248 m，亚热带高原季风性湿润气候，年均日照时数 1318 h，年均气温 13.7℃，年均降水量 1049 mm，年均无霜期 205 ~ 322 d，中山缓坡下部，成土母质为白云岩风化坡积物，梯田旱地，烤烟-玉米轮作。

典型景观

**诊断层与诊断特性** 成土过程主要是旱耕熟化和黏化。诊断层包括淡薄表层和黏化层；诊断特性包括热性土壤温度状况、常湿润土壤水分状况、腐殖质特性和氧化还原特征。土体厚度多在 1 m 以上，质地以壤土和黏壤土为主，40 ~ 60 cm 为耕淀层，60 cm 为埋藏土体，80 cm 以下为黏化层，土体可见腐殖质胶膜、黏粒胶膜、铁锰结核和铁锰斑纹。

**利用性能简评** 土体深厚，耕层厚度适中，质地适中，耕性和通透性较好，pH、有机质和氮适宜，磷、钾和微量元素偏高。应增施有机肥或种植绿肥，秸秆还田，改善土壤结构，适度控磷控钾。

● 单个土体典型剖面

Ap：0~28 cm，浊橙色（7.5YR 6/4，干），棕色（7.5YR 4/4，润），粉砂壤土，粒状-小块状结构，松散-稍坚实，向下层平滑清晰过渡。

AB：28~40 cm，浊橙色（7.5YR 6/4，干），棕色（7.5YR 4/4，润），粉砂壤土，粒状-小块状结构，松散-稍坚实，向下层平滑清晰过渡。

Bw：40~60 cm，浊橙色（7.5YR 6/4，干），浊棕色（7.5YR 5/3，润），粉砂壤土，中块状结构，坚实，土体中有少量小铁锰结核，结构面有少量腐殖质-黏粒胶膜，向下层平滑清晰过渡。

Ab：60~80 cm，棕灰色（7.5YR 4/1，干），黑棕色（7.5YR 3/1，润），粉砂质黏壤土，中块状结构，很坚实，土体中有少量小铁锰结核，结构面有明显的腐殖质-黏粒胶膜，向下层波状清晰过渡。

Btr：80~120 cm，浊橙色（7.5YR 7/4，干），浊棕色（7.5YR 6/3，润），粉砂壤土，中棱块状结构，很坚实，土体中有中量小-中铁锰结核，结构面有明显的黏粒胶膜和少量铁锰斑纹。

## 代表性单个土体物理性质

| 土层 | 深度 /cm | 砾石 (>2mm，体积分数)/% | 细土颗粒组成(粒径：mm)/(g/kg) | | | 质地 | 容重 /(g/cm$^3$) |
|---|---|---|---|---|---|---|---|
| | | | 砂粒 2 ~ 0.05 | 粉粒 0.05 ~ 0.002 | 黏粒 <0.002 | | |
| Ap | 0 ~ 28 | 0 | 171 | 594 | 235 | 粉砂壤土 | 1.11 |
| AB | 28 ~ 40 | 0 | 112 | 652 | 236 | 粉砂壤土 | 1.11 |
| Bw | 40 ~ 60 | 0 | 133 | 600 | 267 | 粉砂壤土 | 1.19 |
| Ab | 60 ~ 80 | 0 | 120 | 583 | 297 | 粉砂质黏壤土 | 1.16 |
| Btr | 80 ~ 120 | 0 | 178 | 562 | 260 | 粉砂壤土 | 1.23 |

## 代表性单个土体养分与化学性质

| 深度 /cm | pH ($H_2O$) | 有机质 /(g/kg) | 全氮 /(g/kg) | 碱解氮 /(mg/kg) | 速效磷 /(mg/kg) | 速效钾 /(mg/kg) | 阳离子交换量 /(cmol/kg) | 游离铁 /(g/kg) |
|---|---|---|---|---|---|---|---|---|
| 0 ~ 28 | 6.1 | 26.2 | 1.31 | 121.3 | 51.44 | 597 | 9.15 | 11.2 |
| 28 ~ 40 | 6.3 | 25.6 | 1.37 | 113.9 | 23.60 | 523 | 9.55 | 12.2 |
| 40 ~ 60 | 6.2 | 17.8 | 1.01 | 95.6 | 1.61 | 187 | 10.05 | 18.4 |
| 60 ~ 80 | 6.0 | 20.8 | 1.10 | 139.7 | 0.46 | 148 | 11.26 | 13.8 |
| 80 ~ 120 | 6.1 | 14.0 | 0.87 | 80.9 | 0.62 | 113 | 8.14 | 14.7 |

## 4.2 凯里市大风洞镇

**中国土壤系统分类**：腐殖简育常湿淋溶土
**中国土壤发生分类**：黄壤-黄砂泥土
**美国土壤系统分类**：Hapludalfs
**WRB 世界土壤资源参比**：Haplic Lixisols
**调查采样时间**：2017 年 10 月 24 日

位置与环境条件　位于黔东南州凯里市大风洞镇，26.733367° N、107.827800° E，海拔 1018 m，亚热带高原季风性湿润气候，年均日照时数 1289 h，年均气温 14.6℃，年均降水量 1228 mm，年均无霜期 282 d，低山缓坡中上部，成土母质为石灰岩风化坡积物，缓坡梯田旱地，烤烟-玉米轮作。

● 典型景观

诊断层与诊断特性　成土过程主要是旱耕熟化和黏化。诊断层包括淡薄表层和黏化层；诊断特性包括热性土壤温度状况、常湿土壤水分状况、腐殖质特性和氧化还原特征。土体厚度多在 1 m 以上，质地以黏壤土为主，25 cm 以下土体具有铁质特性，60 cm 以下为黏化层，土体可见黏粒胶膜。

利用性能简评　土体深厚，耕层厚度适中，质地偏黏，耕性和通透性较差，pH、有机质和氮适宜，磷、钾和微量元素偏高。应增施有机肥或种植绿肥，秸秆还田，改善土壤结构，适度控磷控钾。

● 单个土体典型剖面

Ap1：0~25 cm，浊橙色（7.5YR 6/4，润），棕色（7.5YR 4/4，干），粉砂质黏壤土，粒状-小块状结构，松散-稍坚实，向下层波状渐变过渡。

Ap2：25~40 cm，浊橙色（7.5YR 6/4，润），棕色（7.5YR 4/4，干），粉砂质黏壤土，小块状结构，稍坚实，向下层波状清晰过渡。

Bw：40~60 cm，浊橙色（7.5YR 6/4，润），棕色（7.5YR 4/4，干），粉砂质黏壤土，小块状结构，稍坚实，结构面和孔隙壁有腐殖质淀积胶膜，向下层平滑清晰过渡。

Bt：60~70 cm，浊黄橙色（10YR 7/4，润），浊黄橙色（10YR 6/3，干），粉砂质黏壤土，中棱块状结构，坚实，结构面有模糊的黏粒胶膜，向下层波状渐变过渡。

Btr：70~120 cm，浊黄橙色（10YR 7/4，润），浊黄橙色（10YR 6/3，干），粉砂质黏壤土，中棱块状结构，很坚实，土体内有少量小铁锰结核，结构面有模糊的黏粒胶膜和少量铁锰斑纹。

## 代表性单个土体物理性质

| 土层 | 深度 /cm | 砾石 (>2mm，体积分数)/% | 细土颗粒组成(粒径：mm)/(g/kg) | | | 质地 | 容重 /(g/cm$^3$) |
|---|---|---|---|---|---|---|---|
| | | | 砂粒 2～0.05 | 粉粒 0.05～0.002 | 黏粒 <0.002 | | |
| Ap1 | 0～25 | 0 | 190 | 521 | 289 | 粉砂质黏壤土 | 1.14 |
| Ap2 | 25～40 | 0 | 167 | 559 | 274 | 粉砂质黏壤土 | 1.06 |
| Bw | 40～60 | 0 | 149 | 543 | 308 | 粉砂质黏壤土 | 1.04 |
| Bt | 60～70 | 0 | 169 | 505 | 326 | 粉砂质黏壤土 | 1.24 |
| Btr | 70～120 | 0 | 195 | 485 | 320 | 粉砂质黏壤土 | 1.28 |

## 代表性单个土体养分与化学性质

| 深度 /cm | pH ($H_2O$) | 有机质 /(g/kg) | 全氮 /(g/kg) | 碱解氮 /(mg/kg) | 速效磷 /(mg/kg) | 速效钾 /(mg/kg) | 阳离子交换量 /(cmol/kg) | 游离铁 /(g/kg) |
|---|---|---|---|---|---|---|---|---|
| 0～25 | 5.5 | 31.9 | 1.66 | 121.3 | 64.43 | 226 | 13.67 | 11.7 |
| 25～40 | 6.4 | 23.4 | 1.41 | 158.0 | 50.29 | 199 | 14.27 | 15.8 |
| 40～60 | 7.0 | 34.3 | 1.59 | 125.0 | 71.11 | 115 | 17.19 | 18.3 |
| 60～70 | 7.3 | 12.9 | 0.89 | 99.2 | 91.23 | 108 | 11.56 | 17.0 |
| 70～120 | 7.4 | 8.4 | 0.63 | 44.1 | 65.97 | 88 | 10.05 | 16.6 |

## 4.3 晴隆县光照镇

**中国土壤系统分类**：腐殖钙质湿润淋溶土
**中国土壤发生分类**：石灰土-黄色石灰土
**美国土壤系统分类**：Mollic Hapludalfs
**WRB 世界土壤资源参比**：Haplic Lixisols
**调查采样时间**：2017 年 10 月 16 日

位置与环境条件　位于黔西南州晴隆县光照镇，25.820567° N、105.304683° E，海拔 1433m，亚热带高原季风性湿润气候，年均日照时数 1462 h，年均气温 14.0℃，年均降水量 1575 mm，年均无霜期 320 d，中山山坡下部，成土母质为石灰岩风化坡积物，缓坡梯田旱地，烤烟-玉米轮作。

● 典型景观

诊断层与诊断特性　成土过程主要是旱耕熟化和黏化。诊断层包括淡薄表层和黏化层；诊断特性包括热性土壤温度状况、湿润土壤水分状况、腐殖质特性、碳酸盐岩岩性特征和氧化还原特征。土体厚度多在 1 m 以上，质地以黏壤土为主，通体有石灰岩碎屑，铁质特性一般出现在 30 cm 以下，45 cm 以下为黏化层，土体有黏粒胶膜、铁锰结核和铁锰斑纹。

利用性能简评　土体深厚，耕层厚度适中，质地偏黏，较多砾石，耕性和通透性较差，有机质、氮、磷适宜，pH、钾、硼、锌偏高，钼偏低，轻度水土流失。应增施有机肥或种植绿肥，秸秆还田，改善土壤结构，适度控钾补钼，等高起垄。

● 单个土体典型剖面

Ap1：0~30 cm，浊黄橙色（10YR 6/4，干），浊黄棕色（10YR 5/4，润），黏壤土，粒状-小块状结构，松散-稍坚实，10%左右石灰岩碎屑，轻度石灰反应，向下层平滑清晰过渡。

Ap2：30~45 cm，浊黄橙色（10YR 6/4，干），浊黄棕色（10YR 5/4，润），黏壤土，小粒状-小块状结构，松散-稍坚实，10%石灰岩碎屑，轻度石灰反应，向下层平滑清晰过渡。

Btr1：45~80 cm，浊黄橙色（10YR 7/3，干），灰黄棕色（10YR 6/2，润），黏壤土，中棱块状结构，很坚实，土体中有少量小铁锰结核，30%左右石灰岩碎屑，结构面有明显的腐殖质、黏粒胶膜和少量铁锰斑纹，轻度石灰反应，向下层平滑清晰过渡。

Btr2：80~100 cm，浊黄橙色（10YR 7/3，干），灰黄棕色（10YR 6/2，润），黏壤土，中棱块状结构，很坚实，少量小铁锰结核，40%左右石灰岩碎屑，结构面有明显的腐殖质、黏粒胶膜和少量铁锰斑纹，轻度石灰反应，向下层波状渐变过渡。

BC：100~130 cm，70%浊黄橙色（10YR 7/3，干），灰黄棕色（10YR 6/2，润）；30%亮黄棕色（10YR 6/8，干），黄棕色（10YR 5/6，润），黏壤土，中棱块状结构，坚实，少量小铁锰结核，75%左右石灰岩碎屑，结构面有少量铁锰斑纹，轻度石灰反应。

## 代表性单个土体物理性质

| 土层 | 深度 /cm | 砾石 (>2mm，体积分数)/% | 细土颗粒组成(粒径：mm)/(g/kg) | | | 质地 | 容重 /(g/cm$^3$) |
|---|---|---|---|---|---|---|---|
| | | | 砂粒 2～0.05 | 粉粒 0.05～0.002 | 黏粒 <0.002 | | |
| Ap1 | 0～30 | 10 | 418 | 304 | 278 | 黏壤土 | 1.06 |
| Ap2 | 30～45 | 10 | 300 | 374 | 326 | 黏壤土 | 1.18 |
| Btr1 | 45～80 | 30 | 316 | 377 | 307 | 黏壤土 | 1.14 |
| Btr2 | 80～100 | 40 | 315 | 359 | 326 | 黏壤土 | 1.17 |
| BC | 100～130 | 75 | 403 | 275 | 322 | 黏壤土 | 1.25 |

## 代表性单个土体养分与化学性质

| 深度 /cm | pH ($H_2O$) | 有机质 /(g/kg) | 全氮 /(g/kg) | 碱解氮 /(mg/kg) | 速效磷 /(mg/kg) | 速效钾 /(mg/kg) | 阳离子交换量 /(cmol/kg) | 游离铁 /(g/kg) |
|---|---|---|---|---|---|---|---|---|
| 0～30 | 8.1 | 32.0 | 1.83 | 121.3 | 21.47 | 500 | 19.20 | 16.7 |
| 30～45 | 7.9 | 19.1 | 1.17 | 88.2 | 1.88 | 208 | 15.58 | 26.2 |
| 45～80 | 7.9 | 23.1 | 1.35 | 99.2 | 0.76 | 190 | 16.48 | 20.2 |
| 80～100 | 7.8 | 20.0 | 1.08 | 77.2 | 0.13 | 148 | 16.38 | 19.8 |
| 100～130 | 7.7 | 11.4 | 0.68 | 47.8 | 0.59 | 158 | 17.19 | 42.3 |

## 4.4 水城县南开乡

**中国土壤系统分类**：普通钙质湿润淋溶土
**中国土壤发生分类**：石灰土-黑色石灰土
**美国土壤系统分类**：Hapludalfs
**WRB 世界土壤资源参比**：Haplic Lixisols
**调查采样时间**：2017 年 10 月 16 日

**位置与环境条件** 位于六盘水市水城县南开乡，26.772417° N、104.995550° E，海拔 1787 m，亚热带高原季风性湿润气候，年均日照时数 1431 h，年均气温 12.4℃，年均降水量 1100 mm，年均无霜期 250 d，中山山坡坡麓，成土母质为石灰岩风化坡积物，梯田旱地，烤烟-玉米轮作。

● 典型景观

**诊断层与诊断特性** 成土过程主要是旱耕熟化和黏化。诊断层包括淡薄表层和黏化层；诊断特性包括温性土壤温度状况、湿润土壤水分状况、碳酸盐岩岩性特征、铁质特性和氧化还原特征。土体厚度多在 1 m 以上，质地以黏壤土和黏土为主，43 cm 以下为黏化层，土体可见黏粒胶膜、铁锰斑纹和石灰岩碎屑。

**利用性能简评** 土体深厚，耕层厚度适中，质地黏，耕性和通透性较差，pH 适中，养分整体偏高。应适度削控肥料。

● 单个土体典型剖面

Ap：0~25 cm，浊橙色（5YR 6/4，干），浊红棕色（5YR 5/4，润），粉砂质黏壤土，粒状-小块状结构，松散-稍坚实，向下层平滑清晰过渡。

AB：25~43 cm，浊橙色（5YR 6/4，干），浊红棕色（5YR 5/4，润），粉砂质黏壤土，小块状结构，坚实，结构面有少量铁锰斑纹，向下层波状清晰过渡。

Btr1：43~80 cm，浊橙色（5YR 6/4，干），浊棕色（5YR 5/3，润），粉砂质黏壤土，中棱块状结构，坚实，土体中有少量小铁锰结核，结构面有明显的黏粒-氧化铁胶膜，向下层波状渐变过渡。

Btr2：80~97 cm，亮棕色（5YR 5/6，干），棕色（5YR 4/4，润），粉砂质黏壤土，大棱块状结构，很坚实，土体中有少量小铁锰结核，2%左右石灰岩碎屑，结构面有明显的黏粒-氧化铁胶膜，向下层波状渐变过渡。

Btr3：97~120 cm，亮棕色（5YR 5/6，干），棕色（5YR 4/4，润），粉砂质黏土，大棱块状结构，很坚实，土体中有少量小铁锰结核，2%左右石灰岩碎屑，结构面有明显的黏粒-氧化铁胶膜。

## 代表性单个土体物理性质

| 土层 | 深度/cm | 砾石(>2mm，体积分数)/% | 细土颗粒组成(粒径：mm)/(g/kg) | | | 质地 | 容重/(g/cm$^3$) |
|---|---|---|---|---|---|---|---|
| | | | 砂粒 2 ~ 0.05 | 粉粒 0.05 ~ 0.002 | 黏粒 <0.002 | | |
| Ap | 0 ~ 25 | 0 | 139 | 504 | 357 | 粉砂质黏壤土 | 1.02 |
| AB | 25 ~ 43 | 0 | 143 | 483 | 374 | 粉砂质黏壤土 | 1.16 |
| Btr1 | 43 ~ 80 | 0 | 117 | 487 | 396 | 粉砂质黏壤土 | 1.19 |
| Btr2 | 80 ~ 97 | 2 | 121 | 488 | 391 | 粉砂质黏壤土 | 1.18 |
| Btr3 | 97 ~ 120 | 2 | 108 | 487 | 405 | 粉砂质黏土 | 1.18 |

## 代表性单个土体养分与化学性质

| 深度/cm | pH($H_2O$) | 有机质/(g/kg) | 全氮/(g/kg) | 碱解氮/(mg/kg) | 速效磷/(mg/kg) | 速效钾/(mg/kg) | 阳离子交换量/(cmol/kg) | 游离铁/(g/kg) |
|---|---|---|---|---|---|---|---|---|
| 0 ~ 25 | 5.8 | 35.7 | 2.07 | 191.1 | 69.01 | 811 | 15.78 | 24.0 |
| 25 ~ 43 | 6.9 | 20.8 | 1.18 | 91.9 | 4.15 | 250 | 12.76 | 31.2 |
| 43 ~ 80 | 6.9 | 17.7 | 1.13 | 110.3 | 4.15 | 211 | 13.37 | 25.9 |
| 80 ~ 97 | 6.4 | 18.2 | 1.21 | 95.6 | 5.41 | 261 | 14.47 | 29.3 |
| 97 ~ 120 | 6.3 | 18.7 | 1.12 | 99.2 | 5.72 | 238 | 14.97 | 24.9 |

## 4.5 贵定县德新镇

**中国土壤系统分类**：普通钙质湿润淋溶土
**中国土壤发生分类**：石灰土-黄色石灰土
**美国土壤系统分类**：Hapludalfs
**WRB 世界土壤资源参比**：Haplic Lixisols
**调查采样时间**：2017 年 10 月 26 日

**位置与环境条件** 位于黔南州贵定县德新镇，26.639883° N、107.251767° E，海拔 1206 m，亚热带高原季风性湿润气候，年均日照时数 1147 h，年均气温 14.1℃，年均降水量 1099~1237 mm，年均无霜期 289 d，中山中坡中部，成土母质为石灰岩风化坡积物，缓坡梯田旱地，烤烟-玉米轮作。

● 典型景观

**诊断层与诊断特性** 成土过程主要是旱耕熟化、黄化和黏化。诊断层包括淡薄表层和黏化层；诊断特性包括热性土壤温度状况、湿润土壤水分状况、碳酸盐岩岩性特征和氧化还原特征。土体厚度多在 1 m 以上，质地以壤土为主，土体中有少量石灰岩碎屑，50 cm 以下为黏化层，土体可见黏粒胶膜和铁锰结核。

**利用性能简评** 土体深厚，耕层偏浅，质地适中，耕性和通透性较好，pH 偏高，有机质、氮、锌适宜，磷、钾、硼、钼偏低，轻度水土流失。应适度深耕，增施有机肥或种植绿肥，秸秆还田，改善土壤结构，适度增施磷钾肥和微肥，等高起垄。

● 单个土体典型剖面

Ap：0~23 cm，淡黄色（2.5Y 7/4，润），黄棕色（2.5Y 5/4，干），壤土，粒状-小块状结构，松散-稍坚实，土体中有 2%左右石灰岩碎屑，向下层平滑清晰过渡。

AB：23~50 cm，淡黄色（2.5Y 7/4，润），黄棕色（2.5Y 5/4，干），壤土，小块状结构，坚实，土体中有 2%左右石灰岩碎屑，向下层波状渐变过渡。

Btr：50~70 cm，50%浊黄色（2.5Y 6/3，润），暗灰黄色（2.5Y 5/2，干）；50%灰白色（2.5Y 8/1，润），淡灰色（2.5Y 7/1，干），壤土，中块状结构，坚实，土体中有少量小铁锰结核，10%左右石灰岩碎屑，结构面有模糊黏粒胶膜，向下层波状渐变过渡。

Br：70~120 cm，60%浊黄色（2.5Y 6/3，润），暗灰黄色（2.5Y 5/2，干）；40%灰白色（2.5Y 8/1，润），淡灰色（2.5Y 7/1，干），壤土，中块状结构，很坚实，土体中有中量的小铁锰结核，20%左右石灰岩碎屑。

## 代表性单个土体物理性质

| 土层 | 深度 /cm | 砾石 (>2mm，体积分数)/% | 细土颗粒组成(粒径：mm)/(g/kg) | | | 质地 | 容重 /(g/cm$^3$) |
|---|---|---|---|---|---|---|---|
| | | | 砂粒 2 ~ 0.05 | 粉粒 0.05 ~ 0.002 | 黏粒 <0.002 | | |
| Ap | 0 ~ 23 | 2 | 310 | 435 | 255 | 壤土 | 1.07 |
| AB | 23 ~ 50 | 2 | 258 | 475 | 267 | 壤土 | 1.25 |
| Btr | 50 ~ 70 | 10 | 272 | 486 | 242 | 壤土 | 1.33 |
| Br | 70 ~ 120 | 20 | 279 | 471 | 250 | 壤土 | 1.32 |

## 代表性单个土体养分与化学性质

| 深度 /cm | pH ($H_2O$) | 有机质 /(g/kg) | 全氮 /(g/kg) | 碱解氮 /(mg/kg) | 速效磷 /(mg/kg) | 速效钾 /(mg/kg) | 阳离子交换量 /(cmol/kg) | 游离铁 /(g/kg) |
|---|---|---|---|---|---|---|---|---|
| 0 ~ 23 | 7.3 | 30.7 | 1.55 | 121.3 | 4.87 | 125 | 9.85 | 11.6 |
| 23 ~ 50 | 5.7 | 12.0 | 0.73 | 66.2 | 2.23 | 113 | 7.24 | 11.3 |
| 50 ~ 70 | 6.0 | 4.6 | 0.25 | 18.4 | 0.86 | 86 | 6.48 | 12.2 |
| 70 ~ 120 | 6.1 | 4.9 | 0.32 | 22.1 | 0.76 | 101 | 6.73 | 2.5 |

## 4.6 水城县阿戛镇

**中国土壤系统分类**：铁质酸性湿润淋溶土
**中国土壤发生分类**：黄壤-黄泥土
**美国土壤系统分类**：Ultic Hapludalfs
**WRB 世界土壤资源参比**：Ferric Lixisols
**调查采样时间**：2017 年 10 月 17 日

**位置与环境条件** 位于六盘水市水城县阿戛镇，26.436860° N、104.976117° E，海拔 1892 m，亚热带高原季风性湿润气候，年均日照时数 1400 h，年均气温 12.4℃，年均降水量 1100 mm，年均无霜期 250 d，中山中坡中部，成土母质为白云岩风化坡积物，梯田旱地，烤烟-玉米轮作。

● 典型景观

**诊断层与诊断特性** 成土过程主要是旱耕熟化和黏化。诊断层包括淡薄表层和黏化层；诊断特性包括温性土壤温度状况、湿润土壤水分状况、铁质特性和氧化还原特征。土体厚度多在 1 m 以上，质地以黏壤土为主，通体具有铁质特性，18~40 cm 为耕淀层，之下的黏化层厚约 60 cm，土体可见黏粒胶膜和铁锰结核。

**利用性能简评** 土体深厚，耕层偏浅，质地偏黏，耕性和通透性较差，pH 偏酸，养分整体偏高。应适度深耕，控制有机肥和复合肥用量。

● 单个土体典型剖面

Ap：0~18 cm，浊橙色（5YR 6/4，干），浊红棕色（5YR 4/4，润），粉砂质黏壤土，小粒状-小块状结构，松散-稍坚实，向下层波状渐变过渡。

AB：18~40 cm，浊橙色（5YR 6/4，干），浊红棕色（5YR 4/4，润），粉砂质黏壤土，小块状结构，稍坚实，结构面有腐殖质淀积胶膜，向下层波状清晰过渡。

Btr1：40~60 cm，浊红棕色（5YR 5/4，干），浊红棕色（5YR 4/4，润），粉砂质黏壤土，中棱块状结构，坚实，土体中有少量小铁锰结核，结构面有模糊黏粒胶膜，向下层波状渐变过渡。

Btr2：60~100 cm，浊红棕色（5YR 5/4，干），浊红棕色（5YR 4/4，润），粉砂质黏壤土，中棱块状结构，坚实，土体中有少量小铁锰结核，结构面有模糊黏粒胶膜，向下层波状渐变过渡。

Bw：100~110 cm，浊黄橙色（10YR 7/3，润），灰黄棕色（10YR 6/2，干），粉砂质黏壤土，中棱块状结构，很坚实。

### 代表性单个土体物理性质

| 土层 | 深度 /cm | 砾石 (>2mm，体积分数)/% | 细土颗粒组成(粒径：mm)/(g/kg) | | | 质地 | 容重 /(g/cm$^3$) |
|---|---|---|---|---|---|---|---|
| | | | 砂粒 2 ~ 0.05 | 粉粒 0.05 ~ 0.002 | 黏粒 <0.002 | | |
| Ap | 0 ~ 18 | 0 | 159 | 489 | 352 | 粉砂质黏壤土 | 0.95 |
| AB | 18 ~ 40 | 0 | 178 | 493 | 329 | 粉砂质黏壤土 | 1.06 |
| Btr1 | 40 ~ 60 | 0 | 156 | 502 | 342 | 粉砂质黏壤土 | 1.06 |
| Btr2 | 60 ~ 100 | 0 | 150 | 493 | 357 | 粉砂质黏壤土 | 1.04 |
| Bw | 100 ~ 110 | 0 | 153 | 497 | 350 | 粉砂质黏壤土 | 1.06 |

### 代表性单个土体养分与化学性质

| 深度 /cm | pH | | 有机质 /(g/kg) | 全氮 /(g/kg) | 碱解氮 /(mg/kg) | 速效磷 /(mg/kg) | 速效钾 /(mg/kg) | 阳离子交换量 /(cmol/kg) | 游离铁 /(g/kg) | 交换性 $Al^{3+}$ /(cmol/kg) |
|---|---|---|---|---|---|---|---|---|---|---|
| | $H_2O$ | KCl | | | | | | | | |
| 0 ~ 18 | 5.0 | 4.2 | 45.5 | 2.51 | 198.5 | 48.88 | 300 | 16.28 | 26.2 | 3.4 |
| 18 ~ 40 | 5.4 | 4.6 | 31.9 | 1.70 | 154.4 | 2.37 | 176 | 14.47 | 29.8 | 0.8 |
| 40 ~ 60 | 5.4 | 4.8 | 31.9 | 1.72 | 150.7 | 3.67 | 164 | 13.17 | 27.3 | 2.4 |
| 60 ~ 100 | 5.3 | 4.3 | 33.7 | 1.85 | 158.0 | 6.96 | 176 | 14.17 | 32.0 | 4.9 |
| 100 ~ 110 | 5.2 | 4.3 | 33.0 | 1.81 | 152.0 | 6.95 | 174 | 14.01 | 32.1 | 4.5 |

## 4.7 威宁县小海镇

**中国土壤系统分类**：耕淀铁质湿润淋溶土
**中国土壤发生分类**：黄棕壤-厚大灰泡泥
**美国土壤系统分类**：Ferrudalfs
**WRB 世界土壤资源参比**：Plaggic Ferric Chromic Lixisols
**调查采样时间**：2017 年 10 月 13 日

位置与环境条件　位于毕节市威宁县小海镇，26.945420° N、104.161816° E，海拔 2176 m，亚热带高原季风性湿润气候，年均日照时数 1812 h，年均气温 11.2℃，年均降水量 926 mm，年均无霜期 180 d，中山坝地，成土母质为冲积物，旱地，烤烟-玉米轮作。

● 典型景观

诊断层与诊断特性　成土过程主要是旱耕熟化和黄化。诊断层包括淡薄表层、耕淀层和黏化层；诊断特性包括温性土壤温度状况、湿润土壤水分状况和氧化还原特征。土体厚度多在 1 m 以上，质地以壤土和黏壤土为主，40 cm 以下为黏化层，有黄化现象，土体可见黏粒胶膜、铁锰斑纹和铁锰结核。

利用性能简评　土体深厚，耕层厚度适中，质地黏，耕性和通透性较差，pH、有机质和氮适宜，磷、钾和微量元素偏高。应增施有机肥或种植绿肥，秸秆还田，改善土壤结构，适度削磷控钾。

● 单个土体典型剖面

Ap：0~22 cm，亮棕色（7.5YR 5/6，干），棕色（7.5YR 4/4，润），壤土，粒状-小块状结构，松散-稍坚实，向下层平滑清晰过渡。

Bp：22~40 cm，亮棕色（7.5YR 5/6，干），棕色（7.5YR 4/4，润），黏壤土，小棱块状结构，坚实，结构面有模糊的腐殖质-粉砂-黏粒胶膜，向下层平滑清晰过渡。

Btr1：40~70 cm，浊黄橙色（10YR 7/3，干），浊黄橙色（10YR 6/4，润），黏壤土，中棱块状结构，坚实，土体中有中量小铁锰结核，结构面有明显的黏粒胶膜和少量铁锰斑纹，向下层波状渐变过渡。

Btr2：70~105 cm，浊黄橙色（10YR 6/3，干），灰黄棕色（10YR 5/2，润），黏壤土，大棱块状结构，坚实，土体中有中量小铁锰结核，结构面有明显的黏粒-氧化铁胶膜和少量铁锰斑纹。

## 代表性单个土体物理性质

| 土层 | 深度/cm | 砾石(>2mm，体积分数)/% | 细土颗粒组成(粒径：mm)/(g/kg) | | | 质地 | 容重/(g/cm$^3$) |
|---|---|---|---|---|---|---|---|
| | | | 砂粒 2 ~ 0.05 | 粉粒 0.05 ~ 0.002 | 黏粒 <0.002 | | |
| Ap | 0 ~ 22 | 0 | 383 | 380 | 237 | 壤土 | 1.08 |
| Bp | 22 ~ 40 | 0 | 337 | 374 | 289 | 黏壤土 | 1.27 |
| Btr1 | 40 ~ 70 | 0 | 414 | 258 | 328 | 黏壤土 | 1.31 |
| Btr2 | 70 ~ 105 | 0 | 406 | 285 | 309 | 黏壤土 | 1.30 |

## 代表性单个土体养分与化学性质

| 深度/cm | pH($H_2O$) | 有机质/(g/kg) | 全氮/(g/kg) | 碱解氮/(mg/kg) | 速效磷/(mg/kg) | 速效钾/(mg/kg) | 阳离子交换量/(cmol/kg) | 游离铁/(g/kg) |
|---|---|---|---|---|---|---|---|---|
| 0 ~ 22 | 6.7 | 29.3 | 1.67 | 132.3 | 99.94 | 597 | 14.47 | 23.3 |
| 22 ~ 40 | 6.9 | 9.5 | 0.66 | 51.5 | 3.58 | 101 | 8.94 | 15.7 |
| 40 ~ 70 | 7.3 | 5.9 | 0.34 | 55.1 | 3.38 | 115 | 9.65 | 18.2 |
| 70 ~ 105 | 7.2 | 7.3 | 0.39 | 33.1 | 1.06 | 70 | 10.15 | 20.9 |

## 4.8 盘州市珠东乡

**中国土壤系统分类**：耕淀铁质湿润淋溶土
**中国土壤发生分类**：石灰土–棕色石灰土
**美国土壤系统分类**：Ferrudalfs
**WRB 世界土壤资源参比**：Plaggic Ferric Lixisols
**调查采样时间**：2017 年 10 月 16 日

**位置与环境条件** 位于六盘水市盘州市珠东乡，25.608300° N、104.637250° E，海拔 1700 m，亚热带高原季风性湿润气候，年均日照时数 1593 h，年均气温 15.2℃，年均降水量 1390 mm，年均无霜期 271 d，山间谷地，成土母质为冲积物，旱地，烤烟–玉米轮作。

典型景观

**诊断层与诊断特性** 成土过程主要是旱耕熟化和黏化。诊断层包括淡薄表层、耕淀层和黏化层；诊断特性包括热性土壤温度状况、湿润土壤水分状况、铁质特性和氧化还原特征。土体厚度多在 1 m 以上，质地以黏土为主，通体具有铁质特性，35 cm 以下为耕淀层，68 cm 以下的黏化层可见有黏粒胶膜和铁锰结核。

**利用性能简评** 土体深厚，耕层厚度适中，质地黏，耕性和通透性较差，pH 适中，养分整体偏高。应适度削控肥料。

● 单个土体典型剖面

Ap1：0~22 cm，亮红棕色（5YR 5/6，干），浊红棕色（5YR 4/4，润），黏土，粒状-小块状结构，松散-稍坚实，向下层平滑清晰过渡。

Ap2：22~35 cm，亮红棕色（5YR 5/6，干），浊红棕色（5YR 4/4，润），黏土，粒状-小块状结构，松散-稍坚实，土体中有2%左右岩石碎屑，向下层平滑清晰过渡。

Bp：35~68 cm，橙色（5YR 6/6，干），浊红棕色（5YR 5/4，润），黏土，中棱块状结构，坚实，土体中有少量小铁锰结核，2%左右岩石碎屑，结构面有腐殖质淀积胶膜，向下层平滑清晰过渡。

Btr1：68~95 cm，橙色（7.5YR 7/6，干），浊橙色（7.5YR 6/4，润），黏土，中棱块状结构，很坚实，土体中有少量小铁锰结核，结构面有明显的黏粒胶膜，向下层波状渐变过渡。

Btr2：95~120 cm，橙色（7.5YR 7/6，干），浊橙色（7.5YR 6/4，润），黏土，中棱块状结构，很坚实，土体中有少量小铁锰结核，结构面有明显的黏粒胶膜。

## 代表性单个土体物理性质

| 土层 | 深度/cm | 砾石(>2mm，体积分数)/% | 细土颗粒组成(粒径：mm)/(g/kg) | | | 质地 | 容重/(g/cm$^3$) |
|---|---|---|---|---|---|---|---|
| | | | 砂粒 2 ~ 0.05 | 粉粒 0.05 ~ 0.002 | 黏粒 <0.002 | | |
| Ap1 | 0 ~ 22 | 0 | 167 | 323 | 510 | 黏土 | 0.91 |
| Ap2 | 22 ~ 35 | 2 | 140 | 321 | 539 | 黏土 | 1.00 |
| Bp | 35 ~ 68 | 2 | 166 | 322 | 512 | 黏土 | 1.11 |
| Btr1 | 68 ~ 95 | 0 | 84 | 224 | 692 | 黏土 | 1.22 |
| Btr2 | 95 ~ 120 | 0 | 89 | 144 | 767 | 黏土 | 1.28 |

## 代表性单个土体养分与化学性质

| 深度/cm | pH ($H_2O$) | 有机质/(g/kg) | 全氮/(g/kg) | 碱解氮/(mg/kg) | 速效磷/(mg/kg) | 速效钾/(mg/kg) | 阳离子交换量/(cmol/kg) | 游离铁/(g/kg) |
|---|---|---|---|---|---|---|---|---|
| 0 ~ 22 | 6.2 | 50.0 | 2.84 | 187.4 | 62.01 | 761 | 17.99 | 50.8 |
| 22 ~ 35 | 6.6 | 38.4 | 2.13 | 154.4 | 18.04 | 300 | 19.20 | 32.5 |
| 35 ~ 68 | 6.6 | 25.8 | 1.42 | 125.0 | 11.05 | 148 | 18.49 | 50.1 |
| 68 ~ 95 | 6.5 | 14.8 | 0.99 | 80.9 | 11.52 | 113 | 11.16 | 65.6 |
| 95 ~ 120 | 6.6 | 8.8 | 0.79 | 47.8 | 19.40 | 148 | 12.74 | 53.6 |

## 4.9 毕节市七星关区

**中国土壤系统分类**：漂白铁质湿润淋溶土
**中国土壤发生分类**：黄壤-黄泥土
**美国土壤系统分类**：Ferrudalfs
**WRB 世界土壤资源参比**：Albic Ferric Lixisols
**调查采样时间**：2017 年 10 月 13 日

**位置与环境条件** 位于毕节市七星关区，27.199508° N、105.521293° E，海拔 1365 m，亚热带高原季风性湿润气候，年均日照时数 1377 h，年均气温 12.5℃，年均降水量 954 mm，年均无霜期 250 d，中山中坡中部，成土母质为灰岩风化坡积物，缓坡旱地，烤烟-玉米轮作。

典型景观

**诊断层与诊断特性** 成土过程主要是旱耕熟化、黏化和漂白。诊断层包括淡薄表层、黏化层和漂白层；诊断特性包括温性土壤温度状况、湿润土壤水分状况、铁质特性和氧化还原特征。土体厚度多在 1 m 以上，质地以黏土和黏壤土为主，耕作层之下为漂白层，厚约 20 cm，48 cm 下的黏化层土体可见黏粒胶膜、铁锰斑纹和铁锰结核。

**利用性能简评** 土体深厚，耕层厚度适中，质地偏黏，耕性和通透性较差，pH 和养分含量整体适宜，钾和钼偏高，轻度水土流失。应增施有机肥或种植绿肥，秸秆还田，改善土壤结构，适度控钾，等高起垄。

● 单个土体典型剖面

Ap：0~28 cm，亮黄棕色（10YR 6/6，干），浊黄棕色（10YR 5/4，润），粉砂质黏壤土，小粒状-小块状结构，松散-稍坚实，向下层波状清晰过渡。

E：28~48 cm，浊黄橙色（10YR 7/2，干），棕灰色（10YR 6/1，润），粉砂质黏壤土，中棱块状结构，坚实，土体中有少量小铁锰结核，结构面有少量铁锰斑纹，向下层波状清晰过渡。

Btr1：48~70 cm，橙色（5YR 6/8，干），亮红棕色（5YR 5/6，润），粉砂质黏土，中棱块状结构，坚实，结构面有明显的黏粒胶膜和少量铁锰斑纹，土体中有少量小铁锰结核，向下层波状渐变过渡。

Btr2：70~85 cm，橙色（5YR 6/8，干），亮红棕色（5YR 5/6，润），粉砂质黏土，大棱块状结构，很坚实，土体中有中量小-中铁锰结核，结构面有明显的黏粒-氧化铁胶膜和多量铁锰斑纹，向下层波状渐变过渡。

Btr3：85~120 cm，橙色（5YR 6/8，干），亮红棕色（5YR 5/6，润），粉砂质黏土，大棱块状结构，很坚实，土体中有少量小铁锰结核，结构面有明显的黏粒-氧化铁胶膜和多量铁锰斑纹。

## 代表性单个土体物理性质

| 土层 | 深度 /cm | 砾石 (>2mm，体积分数)/% | 细土颗粒组成(粒径：mm)/(g/kg) | | | 质地 | 容重 /(g/cm$^3$) |
|---|---|---|---|---|---|---|---|
| | | | 砂粒 2 ~ 0.05 | 粉粒 0.05 ~ 0.002 | 黏粒 <0.002 | | |
| Ap | 0 ~ 28 | 0 | 102 | 531 | 367 | 粉砂质黏壤土 | 1.10 |
| E | 28 ~ 48 | 0 | 32 | 591 | 377 | 粉砂质黏壤土 | 1.23 |
| Btr1 | 48 ~ 70 | 0 | 49 | 503 | 448 | 粉砂质黏土 | 1.32 |
| Btr2 | 70 ~ 85 | 0 | 57 | 467 | 476 | 粉砂质黏土 | 1.31 |
| Btr3 | 85 ~ 120 | 0 | 74 | 517 | 409 | 粉砂质黏土 | 1.33 |

## 代表性单个土体养分与化学性质

| 深度 /cm | pH ($H_2O$) | 有机质 /(g/kg) | 全氮 /(g/kg) | 碱解氮 /(mg/kg) | 速效磷 /(mg/kg) | 速效钾 /(mg/kg) | 阳离子交换量 /(cmol/kg) | 游离铁 /(g/kg) |
|---|---|---|---|---|---|---|---|---|
| 0 ~ 28 | 6.0 | 27.2 | 1.61 | 143.3 | 20.70 | 250 | 12.16 | 18.4 |
| 28 ~ 48 | 6.4 | 13.9 | 0.83 | 69.8 | 3.38 | 125 | 9.55 | 15.2 |
| 48 ~ 70 | 7.2 | 5.2 | 0.42 | 62.5 | 0.86 | 148 | 10.35 | 29.1 |
| 70 ~ 85 | 7.2 | 6.0 | 0.48 | 40.4 | 1.16 | 170 | 12.76 | 35.2 |
| 85 ~ 120 | 7.1 | 4.4 | 0.39 | 25.7 | 1.50 | 167 | 10.85 | 25.8 |

## 4.10 威宁县云贵乡（一）

**中国土壤系统分类**：斑纹铁质湿润淋溶土
**中国土壤发生分类**：黄棕壤-大灰泡土
**美国土壤系统分类**：Typic Ferrudalfs
**WRB 世界土壤资源参比**：Ferric Lixisols
**调查采样时间**：2017 年 10 月 13 日

位置与环境条件　位于毕节市威宁县云贵乡，27.022985° N、103.894391° E，海拔 2160 m，亚热带高原季风性湿润气候，年均日照时数 1960 h，年均气温 12.2℃，年均降水量 850 mm，年均无霜期 120 d，中山中坡上部，成土母质为白云岩风化坡积物，缓坡旱地，烤烟-玉米轮作。

● 典型景观

诊断层与诊断特性　成土过程主要是旱耕熟化和黄化。诊断层包括淡薄表层和黏化层；诊断特性包括温性土壤温度状况、湿润土壤水分状况、铁质特性和氧化还原特征。土体厚度多在 1 m 以上，质地以黏土为主，38 cm 以下土体有黄化现象，80 cm 以下为黏化层，有黏粒胶膜、铁锰斑纹和铁锰结核。

利用性能简评　土体深厚，耕层厚度适中，质地偏黏，耕性和通透性较差，pH 和养分含量整体适宜，钾和微量元素偏高，轻度水土流失。应增施有机肥或种植绿肥，秸秆还田，改善土壤结构，适度控钾，等高起垄。

● 单个土体典型剖面

Ap1：0~20 cm，黄灰色（2.5Y 5/1，干），黄灰色（5YR 4/1，润），粉砂质黏土，小粒状-小块状结构，松散-稍坚实，向下层波状渐变过渡。

Ap2：20~38 cm，80%黄灰色（2.5Y 5/1，干），黄灰色（5YR 4/1，润）；20%淡黄色（2.5Y 7/3，干），灰黄色 （5YR 6/2，润），粉砂质黏土，小粒状-小块状结构，稍坚实，向下层不规则清晰过渡。

Br：38~80 cm，淡黄色（2.5Y 7/3，干），灰黄色 （5YR 6/2，润），粉砂质黏土，中棱块状结构，坚实，土体中有少量小铁锰结核，结构面有少量铁锰斑纹，向下层波状渐变过渡。

Btr1：80~100 cm，浊黄色（2.5Y 6/3，干），暗灰黄色（5YR 5/2，润），黏土，大棱块状结构，很坚实，土体中有少量小铁锰结核，结构面有明显的黏粒胶膜和少量铁锰斑纹，向下层波状渐变过渡。

Btr2：100~130 cm，淡黄色（2.5Y 7/3，干），灰黄色 （5YR 6/2，润），黏土，大棱块状结构，坚实，土体中有少量小铁锰结核，结构面有明显的黏粒胶膜和少量铁锰斑纹。

## 代表性单个土体物理性质

| 土层 | 深度 /cm | 砾石 (>2mm，体积分数)/% | 细土颗粒组成(粒径：mm)/(g/kg) | | | 质地 | 容重 /(g/cm$^3$) |
|---|---|---|---|---|---|---|---|
| | | | 砂粒 2 ~ 0.05 | 粉粒 0.05 ~ 0.002 | 黏粒 <0.002 | | |
| Ap1 | 0 ~ 20 | 0 | 141 | 451 | 408 | 粉砂质黏土 | 1.04 |
| Ap2 | 20 ~ 38 | 0 | 129 | 469 | 402 | 粉砂质黏土 | 1.10 |
| Br | 38 ~ 80 | 0 | 138 | 433 | 429 | 粉砂质黏土 | 1.21 |
| Btr1 | 80 ~ 100 | 0 | 114 | 341 | 545 | 黏土 | 1.18 |
| Btr2 | 100 ~ 130 | 0 | 82 | 265 | 653 | 黏土 | 1.27 |

## 代表性单个土体养分与化学性质

| 深度 /cm | pH ($H_2O$) | 有机质 /(g/kg) | 全氮 /(g/kg) | 碱解氮 /(mg/kg) | 速效磷 /(mg/kg) | 速效钾 /(mg/kg) | 阳离子交换量 /(cmol/kg) | 游离铁 /(g/kg) |
|---|---|---|---|---|---|---|---|---|
| 0 ~ 20 | 6.6 | 33.7 | 2.21 | 187.4 | 17.70 | 374 | 16.68 | 26.4 |
| 20 ~ 38 | 6.5 | 27.1 | 1.65 | 136.0 | 2.16 | 363 | 15.08 | 19.7 |
| 38 ~ 80 | 6.8 | 15.8 | 1.28 | 95.6 | 1.16 | 187 | 13.47 | 29.4 |
| 80 ~ 100 | 6.2 | 19.2 | 1.11 | 80.9 | 1.92 | 199 | 16.28 | 35.5 |
| 100 ~ 130 | 5.9 | 9.5 | 0.86 | 47.8 | 1.06 | 176 | 12.06 | 49.9 |

# 第5章 雏形土

## 5.1 赫章县德卓镇

**中国土壤系统分类**：普通淡色潮湿雏形土
**中国土壤发生分类**：潮土-大砂砾土
**美国土壤系统分类**：Humaquepts
**WRB 世界土壤资源参比**：Calcaric Cambisols
**调查采样时间**：2017 年 10 月 16 日

**位置与环境条件** 位于毕节市赫章县德卓镇，27.329722° N、104.277777° E，海拔 2020 m，亚热带高原季风性湿润气候，年均日照时数 1405 h，年均气温 11.8℃，年均降水量 927 mm，年均无霜期 206 ~ 231 d，山间沟谷，成土母质为洪积-冲积物，旱地，烤烟-玉米轮作。

● 典型景观

**诊断层与诊断特性** 成土过程主要是旱耕熟化和氧化还原。诊断层包括淡薄表层和雏形层；诊断特性包括温性土壤温度状况、潮湿土壤水分状况和氧化还原特征。土体厚度多在 1 m 以上，通体呈灰色，质地以壤土和黏壤土为主，地下水位 1 m 左右，土体有铁锰斑纹，30 cm 以下土体有石灰反应。

**利用性能简评** 土体偏浅，耕层偏浅，质地适中，砾石较多，耕性和通透性好，pH 适宜，养分整体偏低。应适度深耕，增施有机肥或种植绿肥，秸秆还田，改善土壤结构。

● 单个土体典型剖面

Ap：0~15 cm，黄灰色（2.5Y 5/1，干），黄灰色（2.5Y 4/1，润），壤土，小粒状-小块状结构，松散-稍坚实，土体中有10%左右岩石碎屑，向下层平滑清晰过渡。

AB：15~30 cm，黄灰色（2.5Y 5/1，干），黄灰色（2.5Y 4/1，润），壤土，小粒状-小块状结构，松散-稍坚实，土体中有10%左右岩石碎屑，向下层波状渐变过渡。

Br：30~50 cm，黄灰色（2.5Y 5/1，干），黄灰色（2.5Y 4/1，润），黏壤土，小块状结构，坚实，土体中有70%左右岩石碎屑，轻度石灰反应，向下层波状清晰过渡。

Cr1：50~70 cm，黄灰色（2.5Y 5/1，干），黄灰色（2.5Y 4/1，润），黏壤土，小块状结构，坚实，土体中有10%左右岩石碎屑，中度石灰反应，向下层波状清晰过渡。

Cr2：70~110 cm，黄灰色（2.5Y 6/1，干），黄灰色（2.5Y 5/1，润），黏壤土，小块状结构，坚实，结构面上有少量铁锰斑纹，中度石灰反应，土体中有60%左右岩石碎屑。

### 代表性单个土体物理性质

| 土层 | 深度/cm | 砾石(>2mm，体积分数)/% | 细土颗粒组成(粒径：mm)/(g/kg) | | | 质地 | 容重/(g/cm$^3$) |
|---|---|---|---|---|---|---|---|
| | | | 砂粒 2 ~ 0.05 | 粉粒 0.05 ~ 0.002 | 黏粒 <0.002 | | |
| Ap | 0 ~ 15 | 10 | 485 | 311 | 204 | 壤土 | 1.24 |
| AB | 15 ~ 30 | 10 | 441 | 318 | 241 | 壤土 | 1.27 |
| Br | 30 ~ 50 | 70 | 413 | 295 | 292 | 黏壤土 | 1.29 |
| Cr1 | 50 ~ 70 | 10 | 447 | 274 | 279 | 黏壤土 | 1.28 |
| Cr2 | 70 ~ 110 | 60 | 414 | 244 | 342 | 黏壤土 | 1.30 |

### 代表性单个土体养分与化学性质

| 深度/cm | pH($H_2O$) | 有机质/(g/kg) | 全氮/(g/kg) | 碱解氮/(mg/kg) | 速效磷/(mg/kg) | 速效钾/(mg/kg) | 有效硼/(mg/kg) | 有效锌/(mg/kg) | 有效钼/(mg/kg) | 阳离子交换量/(cmol/kg) |
|---|---|---|---|---|---|---|---|---|---|---|
| 0 ~ 15 | 7.0 | 12.3 | 0.60 | 51.5 | 7.58 | 101 | 0.15 | 1.44 | 0.17 | 15.28 |
| 15 ~ 30 | 7.4 | 9.7 | 0.42 | 40.4 | 6.64 | 83 | 0.17 | 0.81 | 0.19 | 15.78 |
| 30 ~ 50 | 8.0 | 8.3 | 0.36 | 51.5 | 8.60 | 113 | 0.16 | 0.80 | 0.22 | 16.58 |
| 50 ~ 70 | 8.0 | 9.1 | 0.39 | 36.8 | 10.05 | 90 | 0.16 | 0.87 | 0.18 | 14.37 |
| 70 ~ 110 | 8.0 | 7.4 | 0.31 | 40.4 | 5.96 | 105 | 0.15 | 0.77 | 0.19 | 15.08 |

## 5.2 绥阳县风华镇

**中国土壤系统分类**：漂白滞水常湿雏形土
**中国土壤发生分类**：漂洗黄壤-白鳝泥
**美国土壤系统分类**：Humic Dystrudepts
**WRB 世界土壤资源参比**：Haplic Cambisols
**调查采样时间**：2017 年 10 月 20 日

位置与环境条件　位于遵义市绥阳县风华镇，27.931517° N、107.096123° E，海拔 864 m，亚热带高原季风性湿润气候，年均日照时数 1053 h，年均气温 14.5℃，年均降水量 1075 mm，年均无霜期 280 d 左右，低山沟谷，成土母质为洪积-冲积物，旱地，烤烟-玉米轮作。

• 典型景观

诊断层与诊断特性　成土过程主要是旱耕熟化、黄化、漂白和氧化还原。诊断层包括淡薄表层、漂白层和雏形层；诊断特性包括热性土壤温度状况、常湿土壤水分状况和氧化还原特征。土体厚度多在 1 m 以上，质地以黏壤土和黏土为主，$pH_{H_2O}$ 低于 5.5，呈酸性，通体有漂白现象，30 ~ 60 cm 为漂白层。土体有铁锰斑纹，少量灰岩碎屑。

利用性能简评　土体深厚，耕层偏浅，质地偏黏，耕性和通透性较差，pH 偏酸，养分整体适宜。应适度深耕，增施有机肥或种植绿肥，秸秆还田，改善土壤结构。

● 单个土体典型剖面

Ap：0~15 cm，浅淡黄色（2.5Y 8/3，干），灰黄色（2.5Y 7/2，润），粉砂质黏壤土，小粒状-小块状结构，松散-稍坚实，结构面有多量铁锰斑纹，土体中有2%左右灰岩碎屑，向下层波状渐变过渡。

AB：15~30 cm，浅淡黄色（2.5Y 8/3，干），灰黄色（2.5Y 7/2，润），粉砂质黏土，小粒状-小块状结构，稍坚实，结构面有多量铁锰斑纹，土体中有2%左右灰岩碎屑，向下层波状清晰过渡。

E1：30~60 cm，80%灰白色（2.5Y 8/1，干），淡灰色（2.5Y 7/1，润）；20%浅淡黄色（2.5Y 8/3，干），灰黄色（2.5Y 7/2，润），粉砂质黏土，中棱块状结构，坚实，结构面有少量铁锰斑纹，土体中有2%左右灰岩碎屑，向下层波状渐变过渡。

E2：60~90 cm，50%浅淡黄色（2.5Y 8/3，干），灰黄色（2.5Y 7/2，润）；50%灰白色（2.5Y 8/1，干），淡灰色（2.5Y 7/1，润），粉砂质黏壤土，中棱块状结构，坚实，结构面有多量铁锰斑纹，土体中有2%左右灰岩碎屑，向下层波状渐变过渡。

E3：90~110 cm，50%浅淡黄色（2.5Y 8/3，干），灰黄色（2.5Y 7/2，润）；50%灰白色（2.5Y 8/1，干），淡灰色（2.5Y 7/1，润），粉砂质黏土，大棱块状结构，很坚实，结构面有多量铁锰斑纹，土体中有2%左右灰岩碎屑。

### 代表性单个土体物理性质

| 土层 | 深度 /cm | 砾石 (>2mm，体积分数)/% | 细土颗粒组成(粒径：mm)/(g/kg) | | | 质地 | 容重 /(g/cm$^3$) |
|---|---|---|---|---|---|---|---|
| | | | 砂粒 2 ~ 0.05 | 粉粒 0.05 ~ 0.002 | 黏粒 <0.002 | | |
| Ap | 0 ~ 15 | 0 | 76 | 563 | 361 | 粉砂质黏壤土 | 1.14 |
| AB | 15 ~ 30 | 0 | 107 | 456 | 437 | 粉砂质黏土 | 1.33 |
| E1 | 30 ~ 60 | 2 | 174 | 418 | 408 | 粉砂质黏土 | 1.33 |
| E2 | 60 ~ 90 | 2 | 197 | 417 | 386 | 粉砂质黏壤土 | 1.35 |
| E3 | 90 ~ 110 | 2 | 96 | 486 | 418 | 粉砂质黏土 | 1.34 |

### 代表性单个土体养分与化学性质

| 深度 /cm | pH | | 有机质 /(g/kg) | 全氮 /(g/kg) | 碱解氮 /(mg/kg) | 速效磷 /(mg/kg) | 速效钾 /(mg/kg) | 阳离子交换量 /(cmol/kg) | 铁游离度 /% |
|---|---|---|---|---|---|---|---|---|---|
| | $H_2O$ | KCl | | | | | | | |
| 0 ~ 15 | 5.4 | 4.4 | 23.3 | 1.36 | 117.6 | 41.76 | 250 | 5.63 | 4.2 |
| 15 ~ 30 | 4.9 | 3.9 | 3.9 | 0.32 | 18.4 | 0.26 | 86 | 8.74 | 27.5 |
| 30 ~ 60 | 4.9 | 3.9 | 4.2 | 0.34 | 25.7 | 0.19 | 148 | 7.84 | 55.9 |
| 60 ~ 90 | 4.9 | 3.8 | 2.8 | 0.22 | 22.1 | 0.26 | 74 | 7.14 | 39.6 |
| 90 ~ 110 | 5.0 | 3.8 | 3.6 | 0.28 | 14.7 | 0.19 | 74 | 7.74 | 42.4 |

## 5.3 西秀区岩腊乡

**中国土壤系统分类**：普通简育常潮雏形土
**中国土壤发生分类**：暗黄棕壤-灰泡泥
**美国土壤系统分类**：Humaquepts
**WRB 世界土壤资源参比**：Haplic Cambisols
**调查采样时间**：2017 年 10 月 19 日

**位置与环境条件** 位于安顺市西秀区岩腊乡，26.043357° N、106.009775° E，海拔 1283 m，亚热带高原季风性湿润气候，年均日照时数 1242 h，年均气温 14.6℃，年均降水量 1146 mm，年均无霜期 285 d，山间沟谷，成土母质为洪积-冲积物，旱地，烤烟-玉米轮作。

● 典型景观

**诊断层与诊断特性** 成土过程主要是旱耕熟化和氧化还原。诊断层包括淡薄表层和雏形层；诊断特性包括热性土壤温度状况、常湿土壤水分状况和氧化还原特征。土体厚度多在 1 m 以上，通体呈灰色，质地以黏壤土为主，32 cm 以下土体有铁锰斑纹。

**利用性能简评** 土体较厚，耕层偏浅，质地偏黏，砾石较多，耕性和通透性较差，pH 和磷适宜，有机质、氮、钾偏高，微量元素缺乏。应适度深耕，去除砾石，适度控制有机肥和复合肥的施用，补施微肥。

● 单个土体典型剖面

Ap：0~12 cm，黄灰色（2.5Y 5/1，干），黄灰色（2.5Y 4/1，润），黏壤土，小粒状-小块状结构，松散-稍坚实，土体中有20%左右泥质岩碎屑，向下层波状渐变过渡。

AB：12~32 cm，黄灰色（2.5Y 5/1，干），黄灰色（2.5Y 4/1，润），砂质黏壤土，小粒状-小块状结构，松散-稍坚实，土体中有60%左右泥质岩碎屑，向下层平滑清晰过渡。

Br1：32~70 cm，黄灰色（2.5Y 5/1，干），黄灰色（2.5Y 4/1，润），砂质黏壤土，小块状结构，坚实，结构面上有少量灰色胶膜和铁锰斑纹，土体中有5%左右泥质岩碎屑，向下层波状渐变过渡。

Br2：70~105 cm，黄灰色（2.5Y 6/1，干），黄灰色（2.5Y 5/1，润），砂质黏壤土，小块状结构，坚实，结构面上有少量铁锰斑纹，土体中有40%左右泥质岩碎屑。

### 代表性单个土体物理性质

| 土层 | 深度 /cm | 砾石 (>2mm，体积分数)/% | 细土颗粒组成(粒径：mm)/(g/kg) | | | 质地 | 容重 /(g/cm$^3$) |
|---|---|---|---|---|---|---|---|
| | | | 砂粒 2 ~ 0.05 | 粉粒 0.05 ~ 0.002 | 黏粒 <0.002 | | |
| Ap | 0 ~ 12 | 20 | 342 | 317 | 341 | 黏壤土 | 0.95 |
| AB | 12 ~ 32 | 60 | 475 | 244 | 281 | 砂质黏壤土 | 1.06 |
| Br1 | 32 ~ 70 | 5 | 541 | 191 | 268 | 砂质黏壤土 | 1.13 |
| Br2 | 70 ~ 105 | 40 | 480 | 243 | 277 | 砂质黏壤土 | 1.15 |

### 代表性单个土体养分与化学性质

| 深度 /cm | pH ($H_2O$) | 有机质 /(g/kg) | 全氮 /(g/kg) | 碱解氮 /(mg/kg) | 速效磷 /(mg/kg) | 速效钾 /(mg/kg) | 有效硼 /(mg/kg) | 有效锌 /(mg/kg) | 有效钼 /(mg/kg) | 阳离子交换量 /(cmol/kg) |
|---|---|---|---|---|---|---|---|---|---|---|
| 0 ~ 12 | 5.7 | 45.3 | 2.43 | 220.5 | 21.47 | 437 | 0.57 | 2.42 | 0.38 | 17.19 |
| 12 ~ 32 | 6.5 | 31.8 | 1.74 | 147.0 | 6.48 | 176 | 0.35 | 1.24 | 0.45 | 16.78 |
| 32 ~ 70 | 6.0 | 23.9 | 1.41 | 121.3 | 34.26 | 148 | 0.29 | 0.89 | 0.45 | 15.38 |
| 70 ~ 105 | 6.2 | 21.8 | 1.38 | 119.4 | 30.30 | 145 | 0.28 | 0.87 | 0.42 | 15.29 |

## 5.4 习水县程寨镇

**中国土壤系统分类**：铁质酸性常湿雏形土
**中国土壤发生分类**：紫色土-酸性紫色土
**美国土壤系统分类**：Dystrudepts
**WRB 世界土壤资源参比**：Haplic Cambisols
**调查采样时间**：2017 年 10 月 21 日

位置与环境条件　位于遵义市习水县程寨镇，28.352533° N、106.297183° E，海拔 916 m，亚热带高原季风性湿润气候，年均日照时数 1053 h，年均气温 15.2℃，年均降水量 1110 mm，年均无霜期 268 d 左右，中山中坡中下部，成土母质为紫色砂岩风化坡积物，梯田旱地，烤烟-玉米轮作。

• 典型景观

诊断层与诊断特性　成土过程主要是旱耕熟化和物理风化。诊断层包括淡薄表层和雏形层；诊断特性包括热性土壤温度状况、常湿润土壤水分状况、铁质特性、紫色砂（页）岩岩性特征和石质接触面。土体浅薄，厚约 30 cm，呈红紫色，酸性，质地以壤土为主，有紫色砂岩碎屑。

利用性能简评　土体浅薄，耕层质地适中，砾石多，耕性和通透性较好，pH、有机质、氮较适宜，但磷、钾、微量元素偏低。应适度深耕，增施有机肥或种植绿肥，秸秆还田，改善土壤结构，适度增施磷钾肥和微肥。

● 单个土体典型剖面

Ap：0~20 cm，灰红紫色（10RP 5/4，干），灰紫色（10RP 4/2，润），壤土，粒状-小块状结构，松散-稍坚实，土体中有20%左右紫色砂岩碎屑，向下层平滑清晰过渡。

Bw：20~30 cm，灰红紫色（10RP 5/4，干），灰紫色（10RP 4/2，润），壤土，粒状-小块状结构，很坚实，土体中有30%左右紫色砂岩碎屑，向下层波状渐变过渡。

R：30~120 cm，半风化体和基岩。

## 代表性单个土体物理性质

| 土层 | 深度 /cm | 砾石 (>2mm，体积分数)/% | 细土颗粒组成(粒径：mm)/(g/kg) | | | 质地 | 容重 /(g/cm$^3$) |
|---|---|---|---|---|---|---|---|
| | | | 砂粒 2 ~ 0.05 | 粉粒 0.05 ~ 0.002 | 黏粒 <0.002 | | |
| Ap | 0 ~ 20 | 20 | 397 | 385 | 218 | 壤土 | 1.15 |
| Bw | 20 ~ 30 | 30 | 415 | 366 | 219 | 壤土 | 1.19 |

## 代表性单个土体养分与化学性质

| 深度 /cm | pH | | 有机质 /(g/kg) | 全氮 /(g/kg) | 碱解氮 /(mg/kg) | 速效磷 /(mg/kg) | 速效钾 /(mg/kg) | 阳离子交换量 /(cmol/kg) | 交换性 $Al^{3+}$ /(cmol/kg) | 游离铁 /(g/kg) |
|---|---|---|---|---|---|---|---|---|---|---|
| | $H_2O$ | KCl | | | | | | | | |
| 0 ~ 20 | 5.7 | 4.1 | 21.7 | 1.27 | 121.3 | 5.26 | 113 | 0.15 | 1.71 | 15.2 |
| 20 ~ 30 | 5.4 | 4.1 | 17.8 | 0.84 | 95.6 | 3.02 | 74 | 0.11 | 5.47 | 17.9 |

## 5.5 余庆县白泥镇

**中国土壤系统分类**：石灰紫色湿润雏形土
**中国土壤发生分类**：紫色土–石灰性紫色土
**美国土壤系统分类**：Endoaquepts
**WRB 世界土壤资源参比**：Calcaric Cambisols
**调查采样时间**：2017 年 10 月 26 日

**位置与环境条件** 位于遵义市余庆县白泥镇，27.202062° N、107.907792° E，海拔 604 m，亚热带高原季风性湿润气候，年均日照时数 1088 h，年均气温 14.9℃，年均降水量 1038 mm，年均无霜期 300 d 左右，丘岗中坡中下部，成土母质为紫页岩风化坡积物，缓坡梯田旱地，烤烟–玉米轮作。

● 典型景观

**诊断层与诊断特性** 成土过程主要是旱耕熟化和物理风化。诊断层包括淡薄表层和雏形层；诊断特性包括热性土壤温度状况、湿润土壤水分状况和紫色砂（页）岩岩性特征。土体厚度较厚，多在 1 m 以上，通体呈红紫色，轻度石灰反应，质地以黏壤土和壤土为主，有紫页岩碎屑。

**利用性能简评** 土体深厚，但耕层偏浅，质地偏黏，少量砾石，耕性和通透性较差，pH 适宜，养分整体偏低。应适度深耕，增施有机肥或种植绿肥，秸秆还田，改善土壤结构，增施复合肥。

● 单个土体典型剖面

Ap：0~15 cm，灰红紫色（10RP 5/2，干），灰紫色（10RP 4/2，润），黏壤土，粒状-小块状结构，松散-稍坚实，土体中有2%左右紫页岩碎屑，轻度石灰反应，向下层平滑清晰过渡。

AB：15~25 cm，灰红紫色（10RP 5/4，干），灰红紫色（10RP 4/4，润），黏壤土，小块状结构，坚实，土体中有5%左右紫页岩碎屑，轻度石灰反应，向下层波状清晰过渡。

Bw1：25~45 cm，灰红紫色（10RP 5/4，干），灰红紫色（10RP 4/4，润），黏壤土，中棱块状结构，坚实，土体中有10%左右紫页岩碎屑，轻度石灰反应，向下层波状渐变过渡。

Bw2：45~120 cm，浊紫红色（10RP 5/6，干），浊紫红色（10RP 4/6，润），壤土，中块状结构，坚实，轻度石灰反应，土体中有20%左右紫页岩碎屑。

### 代表性单个土体物理性质

| 土层 | 深度/cm | 砾石(>2mm，体积分数)/% | 细土颗粒组成(粒径：mm)/(g/kg) | | | 质地 | 容重/(g/cm$^3$) |
|---|---|---|---|---|---|---|---|
| | | | 砂粒 2 ~ 0.05 | 粉粒 0.05 ~ 0.002 | 黏粒 <0.002 | | |
| Ap | 0 ~ 15 | 2 | 336 | 386 | 278 | 黏壤土 | 1.23 |
| AB | 15 ~ 25 | 5 | 267 | 417 | 316 | 黏壤土 | 1.31 |
| Bw1 | 25 ~ 45 | 10 | 268 | 414 | 318 | 黏壤土 | 1.32 |
| Bw2 | 45 ~ 120 | 20 | 355 | 428 | 217 | 壤土 | 1.34 |

### 代表性单个土体养分与化学性质

| 深度/cm | pH($H_2O$) | 有机质/(g/kg) | 全氮/(g/kg) | 碱解氮/(mg/kg) | 速效磷/(mg/kg) | 速效钾/(mg/kg) | 有效硼/(mg/kg) | 有效锌/(mg/kg) | 有效钼/(mg/kg) | 阳离子交换量/(cmol/kg) |
|---|---|---|---|---|---|---|---|---|---|---|
| 0 ~ 15 | 7.7 | 13.3 | 0.80 | 69.8 | 6.28 | 115 | 0.15 | 0.73 | 0.19 | 11.86 |
| 15 ~ 25 | 7.6 | 6.2 | 0.44 | 29.4 | 0.52 | 90 | 0.08 | 0.63 | 0.18 | 18.99 |
| 25 ~ 45 | 7.6 | 5.4 | 0.43 | 25.7 | 0.59 | 85 | 0.09 | 0.56 | 0.17 | 18.69 |
| 45 ~ 120 | 7.6 | 3.6 | 0.31 | 22.1 | 0.46 | 75 | 0.09 | 0.57 | 0.17 | 17.49 |

## 5.6 仁怀市五马镇

**中国土壤系统分类：**普通紫色正常雏形土
**中国土壤发生分类：**紫色土-中性紫色土
**美国土壤系统分类：**Endoaquepts
**WRB 世界土壤资源参比：**Haplic Cambisols
**调查采样时间：**2017 年 10 月 21 日

**位置与环境条件** 位于遵义市仁怀市五马镇，27.669283° N、106.253800° E，海拔 680 m，亚热带高原季风性湿润气候，年均日照时数 1400 h，年均气温 16.3℃，年均降水量 1000 mm，年均无霜期 311 d 左右，丘岗中坡中下部，成土母质为紫砂岩风化坡积物，坡旱地，烤烟-玉米/山芋轮作。

典型景观

**诊断层与诊断特性** 成土过程主要是旱耕熟化和物理风化。诊断层包括淡薄表层和雏形层；诊断特性包括热性土壤温度状况、湿润土壤水分状况和紫色砂（页）岩岩性特征。土体浅薄，厚约 40 cm，砾石多，质地以黏壤土为主，pH 6.6 ~ 6.8。

**利用性能简评** 土体浅薄，耕层质地偏黏，砾石多，耕性和通透性尚可，pH 和养分整体适宜，硼偏低。应适度深耕，增施有机肥或种植绿肥，秸秆还田，改善土壤结构，适度增施硼肥。

● 单个土体典型剖面

Ap：0~20 cm，90%灰红紫色（10RP 5/3，润），灰红紫色（10RP 4/3，干）；10%淡棕灰色（5YR 7/2，润），棕灰色（5YR 6/1，干），黏壤土，粒状-小块状结构，松散-稍坚实，土体中有 20%左右紫砂岩碎屑，向下层波状渐变过渡。

Bw：20~40 cm，80%灰红紫色（10RP 5/3，润），灰红紫色（10RP 4/3，干）；20%淡棕灰色（5YR 7/2，润），棕灰色（5YR 6/1，干），黏壤土，小块状结构，坚实，土体中有 30%左右紫砂岩碎屑，向下层波状渐变过渡。

R：40~120 cm，半风化体和基岩。

## 代表性单个土体物理性质

| 土层 | 深度 /cm | 砾石 (>2mm，体积分数)/% | 细土颗粒组成(粒径：mm)/(g/kg) | | | 质地 | 容重 /(g/cm³) |
|---|---|---|---|---|---|---|---|
| | | | 砂粒 2 ~ 0.05 | 粉粒 0.05 ~ 0.002 | 黏粒 <0.002 | | |
| Ap | 0 ~ 20 | 20 | 353 | 313 | 334 | 黏壤土 | 1.16 |
| Bw | 20 ~ 40 | 30 | 359 | 355 | 286 | 黏壤土 | 1.16 |

## 代表性单个土体养分与化学性质

| 深度 /cm | pH ($H_2O$) | 有机质 /(g/kg) | 全氮 /(g/kg) | 碱解氮 /(mg/kg) | 速效磷 /(mg/kg) | 速效钾 /(mg/kg) | 有效硼 /(mg/kg) | 有效锌 /(mg/kg) | 有效钼 /(mg/kg) | 阳离子交换量 /(cmol/kg) |
|---|---|---|---|---|---|---|---|---|---|---|
| 0 ~ 20 | 6.6 | 20.3 | 1.24 | 102.9 | 20.89 | 113 | 0.19 | 1.16 | 0.20 | 22.01 |
| 20 ~ 40 | 6.8 | 20.3 | 1.22 | 95.6 | 16.02 | 113 | 0.18 | 1.16 | 0.20 | 21.91 |

## 5.7 威宁县云贵乡（二）

**中国土壤系统分类**：斑纹简育湿润雏形土
**中国土壤发生分类**：黄壤-黄砂泥土
**美国土壤系统分类**：Dystrudepts
**WRB 世界土壤资源参比**：Dystric Cambisols
**调查采样时间**：2017 年 10 月 13 日

**位置与环境条件** 位于毕节市威宁县云贵乡，27.325257° N、104.129066° E，海拔 1589 m，亚热带高原季风性湿润气候，年均日照时数 1812 h，年均气温 11.5℃，年均降水量 926 mm，年均无霜期 120 d，山间沟谷，成土母质为石灰岩风化坡积物，旱地，烤烟-玉米轮作。

典型景观

**诊断层与诊断特性** 成土过程主要是旱耕熟化和黄化。诊断层包括淡薄表层和雏形层；诊断特性包括温性土壤温度状况、湿润土壤水分状况和氧化还原特征。土体厚度多在 1 m 以上，质地以壤土为主，40 cm 以下为埋藏土体，67 cm 以下土体黄化明显，有铁锰斑纹。

**利用性能简评** 土体深厚，耕层偏浅，质地适中，耕性和通透性适宜，pH、有机质和磷适宜，钾偏高，氮、硼、钼偏低。应适度深耕，增施有机肥或种植绿肥，秸秆还田，改善土壤结构，适度控钾补微肥。

● 单个土体典型剖面

Ap：0~15 cm，灰棕色（7.5YR 6/2，干），棕灰色（7.5YR 5/1，润），壤土，小粒状-小块状结构，松散-稍坚实，向下层波状渐变过渡。

AB：15~40 cm，浊橙色（7.5YR 7/4，干），浊棕色（7.5YR 6/3，润），壤土，粒状-小块状结构，稍坚实，向下层平滑清晰过渡。

Ab：40~67 cm，棕灰色（7.5YR 5/1，干），棕灰色（7.5YR 4/1，润），壤土，小块状结构，坚实，土体中有少量小铁锰结核，向下层平滑清晰过渡。

Br：67~120 cm，浅淡黄色（2.5Y 8/4，干），淡黄色（2.5Y 7/3，润），壤土，中块状结构，很坚实，结构面有少量铁锰斑纹。

## 代表性单个土体物理性质

| 土层 | 深度 /cm | 砾石 (>2mm，体积分数)/% | 细土颗粒组成(粒径：mm)/(g/kg) | | | 质地 | 容重 /(g/cm³) |
|---|---|---|---|---|---|---|---|
| | | | 砂粒 2 ~ 0.05 | 粉粒 0.05 ~ 0.002 | 黏粒 <0.002 | | |
| Ap | 0 ~ 15 | 0 | 425 | 386 | 189 | 壤土 | 1.13 |
| AB | 15 ~ 40 | 0 | 459 | 374 | 167 | 壤土 | 1.22 |
| Ab | 40 ~ 67 | 0 | 478 | 401 | 121 | 壤土 | 1.24 |
| Br | 67 ~ 120 | 0 | 421 | 436 | 143 | 壤土 | 1.33 |

## 代表性单个土体养分与化学性质

| 深度 /cm | pH ($H_2O$) | 有机质 /(g/kg) | 全氮 /(g/kg) | 碱解氮 /(mg/kg) | 速效磷 /(mg/kg) | 速效钾 /(mg/kg) | 阳离子交换量 /(cmol/kg) | 游离铁 /(g/kg) |
|---|---|---|---|---|---|---|---|---|
| 0 ~ 15 | 6.4 | 23.7 | 1.07 | 88.2 | 28.04 | 250 | 6.53 | 12.3 |
| 15 ~ 40 | 6.7 | 14.7 | 0.70 | 73.5 | 3.97 | 176 | 6.73 | 9.7 |
| 40 ~ 67 | 5.8 | 13.0 | 0.63 | 44.1 | 2.44 | 148 | 6.43 | 4.7 |
| 67 ~ 120 | 5.6 | 4.1 | 0.18 | 29.4 | 1.33 | 101 | 4.45 | 6.5 |

# 第6章 新成土

## 6.1 普安县盘水街道

**中国土壤系统分类**：石质湿润正常新成土
**中国土壤发生分类**：粗骨土-酸性粗骨土
**美国土壤系统分类**：Lithic Udorthents
**WRB 世界土壤资源参比**：Leptic Skeletic Regosols
**调查采样时间**：2017 年 10 月 18 日

位置与环境条件　位于黔西南州普安县盘水街道，25.787894° N、104.973501° E，海拔 1578 m，亚热带高原季风性湿润气候，年均日照时数 1442 h，年均气温 12.8℃，年均降水量 1133 mm，年均无霜期 280 d，中山缓坡坡麓，成土母质为泥页岩风化坡积物，缓坡梯田旱地，烤烟-玉米轮作。

● 典型景观

诊断层与诊断特性　成土过程主要是旱耕熟化和物理风化。诊断层包括淡薄表层；诊断特性包括温性土壤温度状况、湿润土壤水分状况和石质接触面。土体薄，厚约 20 cm，砾石多，含量 50%以上，质地以黏土为主。

利用性能简评　土体和耕层均浅薄，质地偏黏，砾石较多，耕性和通透性尚可，pH 和养分整体适宜，轻度水土流失。应适度深耕，去除砾石，增施有机肥或种植绿肥，秸秆还田，改善土壤结构，等高起垄。

● 单个土体典型剖面

Ap：0~20 cm，浊橙色（7.5YR 6/4，润），浊棕色（7.5YR 5/4，干），粉砂质黏土，小粒状-小块状结构，松散-稍坚实，土体中有50%左右泥页岩碎屑，向下层波状渐变过渡。

C：20~40 cm，浊橙色（7.5YR 6/4，润），浊棕色（7.5YR 5/4，干），粉砂质黏土，小块状结构，坚实，土体中有80%左右泥页岩碎屑，向下层波状清晰过渡。

R：40~110 cm，半风化体。

## 代表性单个土体物理性质

| 土层 | 深度 /cm | 砾石 (>2mm，体积分数)/% | 细土颗粒组成(粒径：mm)/(g/kg) | | | 质地 | 容重 /(g/cm³) |
|---|---|---|---|---|---|---|---|
| | | | 砂粒 2 ~ 0.05 | 粉粒 0.05 ~ 0.002 | 黏粒 <0.002 | | |
| Ap | 0 ~ 20 | 50 | 31 | 432 | 537 | 粉砂质黏土 | 0.99 |
| C | 20 ~ 40 | 80 | 66 | 411 | 523 | 粉砂质黏土 | 1.07 |

## 代表性单个土体养分与化学性质

| 深度 /cm | pH ($H_2O$) | 有机质 /(g/kg) | 全氮 /(g/kg) | 碱解氮 /(mg/kg) | 速效磷 /(mg/kg) | 速效钾 /(mg/kg) | 有效硼 /(mg/kg) | 有效锌 /(mg/kg) | 有效钼 /(mg/kg) | 阳离子交换量 /(cmol/kg) |
|---|---|---|---|---|---|---|---|---|---|---|
| 0 ~ 20 | 5.8 | 39.6 | 2.09 | 161.7 | 26.65 | 187 | 0.99 | 1.96 | 0.64 | 14.57 |
| 20 ~ 40 | 5.9 | 30.0 | 1.56 | 106.6 | 18.75 | 150 | 0.63 | 1.26 | 1.00 | 12.76 |

# 附录　主要土纲发生层的符号表达

## 1　人为土纲

水耕人为土

耕作层，Ap1；犁底层，Ap。

漂白层的 B 层，E。

具有潜育特征的 B 层，Bg。

铁渗淋亚层或其他类型的 B 层，Br。

## 2　富铁土纲

非农田土壤的腐殖质表层，Ah。

农田土壤的耕作层，Ap1、Ap2。

B 层，①耕作淀积层，Bp；②风化 B 层，Bw；③黏化层，Bt 或 Btx；④黏磐，Btm；⑤网纹层，Bl。

有网纹的母质层，Cl；无网纹的母质层，C；基岩，R。

## 3　淋溶土纲

非农田土壤的腐殖质表层，Ah。

农田土壤的耕作层，Ap1、Ap2。

无氧化反应特征的黏化层，Bt；有氧化反应特征的黏化层，Btr。

## 4　雏形土纲

非农田土壤的腐殖质表层，Ah。

农田土壤的耕作层，Ap1、Ap2。

雏形层，如无氧化还原特征的，Bw；如有氧化还原特征的，Br。

## 5　注意事项

1）关于小写字母的排序

按决定亚类—土类—亚纲—土纲的顺序排，如斑纹黏化湿润富铁土亚类的 B 层，可用 Btr 表示，t—黏化（土类），r—氧化反应特征（亚类）。

2）母岩或母质的表达

下部为整块基岩(即为石质接触面或准石质接触面)或为破碎的砾石但基本没有细土的，用 R 表示。对同时含有土壤和岩石碎屑的层次，当细土体积≥50%时，用 B 表示；细土体积介于 25%～50%，酌情用 BC 或 C 表示；细土体积<25%，酌情用 R 或 C 表示；保留了原有岩石结构的半风化体可用 R 表示。

3）潜育特征

不采用潜育层术语，合理的表达为具有潜育特征的层，潜育层不用 G 表示，而是在该层符号后加 g 表示。

4）水耕人为土的氧化还原层

漂白层，用 E 表示；具有潜育特征的，用 Bg 表示；铁渗淋亚层或其他情况，用 Br 表示。

5）旱地耕作层

可分别用 Ap1、Ap2 表示，但如果 Ap2 符合耕作淀积层条件，则用 Bp 表示。

6）富铁土和铁铝土的 B 层

如果没有黏化层、氧化还原特征、耕淀层、网纹层等特征的，用 Bw1、Bw2 表示。

7）关于碳酸盐聚积符号 k 的用法

第一种情况，野外没有观察到碳酸钙假菌丝体或粉末或斑点或砂姜，此时要严格按照《中国土壤系统分类检索（第三版）》中的碳酸钙含量的规定，判断钙积层有无，如果有，加 k。

第二种情况，在未测定碳酸钙含量情况下，但是在野外观察到了假菌丝体或粉末或斑点或砂姜，也可加 k。

8）关于暗沃表层表达

第一种情况，如果是耕地，表层用 Ap 表示，之下的层次分别用 Ah2、Ah3…表示。

第二种情况，如果不是耕地，则依次用 Ah1、Ah2、Ah3…表示。

9）埋藏层次表达

埋藏的表层，Ab；之下的土体大写字母后不再加 b。

# 参考文献

陈默涵, 何腾兵, 黄会前. 2016. 贵州地形地貌对土壤类型及分布的影响. 贵州大学学报(自然科学版), 33(5): 14-16, 35.

贵州省农业厅, 中国科学院南京土壤研究所. 1980. 贵州土壤. 贵阳: 贵州人民出版社.

贵州省土壤普查办公室. 1994. 贵州土种志. 贵阳: 贵州科技出版社.

陆晓辉, 董宇博, 涂成龙, 等. 2018. 贵州省土壤水分状况估算及分析. 地球与环境, 46(1): 89-95.

秦松, 范成五, 孙锐. 2009. 贵州土壤资源的特点、问题及利用对策. 贵州农业科学, 37(5): 94-98.

谢静, 何冠谛 何腾兵. 2015. 贵州气候因素对土壤类型及分布的影响. 浙江农业科学, 56(4): 510-514.

张甘霖, 龚子同. 2012. 土壤调查实验室分析方法. 北京: 科学出版社.

张甘霖, 李德成. 2017. 野外土壤描述与采样手册. 北京: 科学出版社.

中国科学院南京土壤研究所土壤系统分类课题组, 中国土壤系统分类课题研究协作组. 2001. 中国土壤系统分类检索. 3 版. 合肥: 中国科学技术大学出版社.

邹国础. 1981. 贵州土壤的发生特性及分布规律. 土壤学报, 18(1): 11-23.

FAO. 2015. World reference base for soil resources 2014: International soil classification system for naming soils and creating legends for soil maps. Update 2015. WORLD SOIL RESOURCES REPORTS,106.

Soil Survey Staff. 1999. Soil Taxonomy: A Basic System of Soil Classification for Making and Interpreting Soil Surveys. 2nd ed. Washington D.C.: U.S. Government Printing Office.